Karin Jansen

Rassespezifisches Territorialverhalten bei Hunden

Karin Jansen

Rassespezifisches Territorialverhalten bei Hunden

Richtiges Verständnis und Erziehung

Mit einem Geleitwort von Jan Nijboer

Oertel+Spörer

Bildnachweis
Titelbild: Nina Lauer (3), Dr. Gabriele Lehari (1)
Innenteilbilder: Margrith Bucher S. 24; Monika Erkens S. 71 o.; Pamela Harm S. 58, 102, 124; Gabi Hauke S. 143, 150; Katharina Johann S. 98; Nina Lauer S. 10, 13, 20, 28, 30, 31, 32, 34, 39, 42, 59, 64, 69, 71 u., 72, 77, 78, 81, 82, 83, 85, 88, 90, 92, 95, 96, 99, 100, 104, 108, 110, 117, 118, 122, 125, 130, 135, 137, 141, 144, 145, 147, 148, 154, 155; Jan Nijboer S. 21, 49, 129, 134; Corinna Samow S. 37, 57, 84, 120; Monika Stähli S. 53; Wibke Wenzel S. 132. Alle anderen Fotos von Dr. Gabriele Lehari.

Haftungsausschluss

Bibliografische Information der Deutschen Nationalbibliothek
Die Deutsche Nationalbibliothek verzeichnet diese Publikation in der Deutschen Nationalbibliografie; detaillierte bibliografische Daten sind im Internet über http://dnb.d-nb.de abrufbar.

Postfach 1642 · 72706 Reutlingen

Lektorat: Dr. Gabriele Lehari
DTP und Repro: Oertel+Spörer Verlags-GmbH + Co. KG, Reutlingen
Druck und Bindung: Oertel+Spörer Druck und Medien-GmbH + Co., Riederich
Printed in Germany
ISBN 978-3-88627-851-0

Inhalt

Geleitwort von Jan Nijboer

Hunde leben heutzutage kaum mehr so, wie sie früher mit uns Menschen zusammengelebt haben. Hunderassen sind für verschiedene Aufgabenbereiche über Jahrtausende entstanden. Ihre Aufgaben sind heute größtenteils verschwunden. Der Hund ist aber geblieben sowie auch das für seine Aufgaben nützliche Verhaltensrepertoire.

Haben wir den Wunsch, einen Hund zu halten, sollten wir wissen, was für ein Tier ein Hund ist, und im Besonderen wissen, für welchen Zweck die ausgewählte Rasse einst gezüchtet wurde, welche Wesensmerkmale dies mit sich bringt und ob das soziale und materielle Umfeld des zukünftigen Halters bzw. der Halterin auch zu dem betreffenden Hund passt.

So leicht der Hund von seinem äußerlichen Erscheinungsbild (Phänotyp) innerhalb einiger Generationen zu ändern ist, so schwer ist es, die über Jahrtausende genetische Veranlagung (Genotyp) bezüglich seines Verhaltens zu verändern. Die genetische Anpassung an den modernen Hausstand stagniert seit der Festlegung von Rassenstandards größtenteils. Wir leben mehr oder weniger in einem „Hunderassen-Museum“, in dem Richter auf Hundeshows und Züchter oft Museumsstück-Konservatoren sind.

Es fordert von allen Beteiligten ein Umdenken und andere Selektionen, damit Hunde so gezüchtet werden, dass sie einfacher mit unserer Gesellschaft zurechtkommen können. Leider achten Richter auf Hundeshows fast ausschließlich auf den Phänotyp und das äußerliche Erscheinungsbild steht beim Ehrgeiz der Züchter ebenfalls oft im Mittelpunkt.

Karin Jansen beschreibt in diesem Buch vor allem die ernsteren Hunderassen. Genau diese Rassen zeigen entweder durch eine weniger stark ausgeprägte Domestizierung oft ein noch sehr ursprüngliches Verhalten oder durch eine stark durchgeführte Spezialisierung eine gesteigerte (hypertrophe) Form von bestimmtem Instinktverhalten, wie zum Beispiel dem Territorialverhalten. Sie werden in Gegenzug zu den stark domestizierten, infantilisierten Hunderassen viel erwachsener. Statt durch Verjugendlichung (Neotenie = Beibehaltung jugendlicher Merkmale) verursachte Naivität und Leichtsinn sind diese Hunde oft sehr bedachtsam und skeptisch allem Fremden gegenüber. Um diese Rassen so zu erziehen, dass sie die Möglichkeiten haben, mit unserer globalisierten Gesellschaft zurechtzukommen, verlangt es einerseits Wissen um die Veranlagung und anderseits viel Empathie.

Hundebesitzer sollten sich in die Welt des Hundes hineinversetzen, damit das Ausdrucksverhalten von Hunden den richtigen Eindruck hinterlässt. Denn das Ausdrucksverhalten gibt die Bedürfnisse, Emotionen und das Denken des Hundes wieder. Nur so lernen Sie Ihren eigenen Hund kennen.

Dieses Buch beschreibt, im Gegenzug zu üblichen Rassenhundebüchern, die wahre Art der ernsteren Hunderassen. Zudem vermittelt es dieses Wissen so, dass Sie als Hundebesitzer bzw. -besitzerin es sich zunutze machen können, um Ihren Hund artgerecht zu erziehen. Bei dieser Erziehung ist eine gute Beziehung zum Vorteil von Hund als auch Mensch die Zielsetzung.

Karin Jansen habe ich als eine Person kennengelernt, die sich – unter anderem durch ihr Psychologie-Studium gesteuert – tiefgründige Gedanken sowohl über Menschen- als auch Hundeverhalten macht. Sie hat ihre außerordentlich gute Beobachtungsgabe mit ihrem analytischen Denken kombiniert. Beide Qualitäten finde ich in diesem Buch wieder. Der Großteil der Bilder dieses Buches sind dazu gedacht, dass im Manuskript Beschriebene zu visualisieren. Auch dies verlangt ein geübtes Auge für das Verhalten von Hunden. Nina Lauer hat zu diesem Teil des Buches beigetragen. Beide, Karin Jansen und Nina Lauer, sind in der Sache somit ein starkes Team! Ich wünsche diesem Buch zum Vorteil der Hunde und ihren Menschen viel Erfolg!

Jan Nijboer
Ameland, den 31.12.2012

Einführung

In den vergangenen Tagen beschäftigte mich ein Gespräch mit einer Freundin, in dem sie von einem Besuch bei einem Wolfsrudel mit Kontaktaufnahme unter Aufsicht und Anleitung zu den Tieren berichtete. Sie schilderte die Haltung der handaufgezogenen Tiere, die mit Leckerchen konditioniert und unter einem Verhaltenskodex für den Besucher „publikumsfähig" sind.

Ich erinnerte mich in dem Zusammenhang an einen Besuch in der Eberhard-Trumler-Station vor etlichen Jahren, in dem wechselnde Einzelpersonen unserer Gruppe in das Dingo-Gehege gehen durften, wo die Tiere in einer sogenannten Kontaktzone Kontakt zu uns aufnahmen.

Auch hier gab es einen Verhaltenskodex: kein Festhalten der Tiere, keine hektischen Bewegungen, keine Mitnahme von Nahrung oder Füttern der Tiere, keine lautstarken Äußerungen und – vor allem – kein Verlassen der Kontaktzone!

Die Kontaktzone bestand aus einem Holzpodest, auf das man sich setzen konnte und zu dem die Dingos aus Neugierde kamen – oder eben auch nicht.

Ein Mitglied meiner Besuchergruppe war unachtsam genug, sich hinter das Podest zu bewegen, um es zu umrunden und auf der anderen Seite Platz zu nehmen. In dem Augenblick, als der junge Mann sich hinter das Podest bewegen wollte, stellten sich ihm unmissverständlich zwei erwachsene Tiere in den Weg: „Kein Zutritt!"

In meiner Beschäftigung mit der geschilderten Wolfsbegegnung las ich im Internet einen Artikel über die Wolfshaltung im Zoo Hannover, in dem bereits zweimal Wölfe von anderen Wölfen getötet wurden. In einem der Fälle teilten sich zwei Elterntiere ein Gehege und fünf junge Rüden ein weiteres. Ein drittes Gehege, das räumlich zwischen den beiden anderen liegt, wurde wechselseitig von beiden Gruppen genutzt.

Der Tötungsvorfall ereignete sich, als ein Pfleger vergaß, nach dem Besuch der einen Gruppe im „Wechselgehege" das Gehege zu verschließen und die andere Gruppe ebenfalls Zugang in das „Wechselgehege" hatte. Die fünf jungen Rüden töteten den Vater. Der neue Partner der Mutter tötete nach gut einem Jahr seine Partnerin und wurde daraufhin in einem anderen Zoo untergebracht.

Alle drei Gehege haben zusammen eine Größe von knapp 1200 Quadratmetern und es bestand bis zum Tod der Mutter die Nutzung des „Wechselgeheges".

Die Fachleute sind sich einig, dass es in der Natur eigentlich nicht zu solchen Tötungen kommt, da die erwachsenen Jungtiere im Falle von Konflikten das Territorium verlassen können und sich einen anderen Lebensraum suchen. Welche Schlüsse können wir aber aus den geschilderten Ereignissen ziehen?

Zu den Vorfahren des Leonbergers gehören Neufundländer, Bernhardiner und Pyrenäen Berghund.

Wölfe und Hunde brauchen Klarheit über Wohn- und Lebensverhältnisse und die Aufenthaltsrechte von Fremden im eigenen Revier. Gibt man ihnen nicht die Möglichkeit auszuweichen und in ein anderes Territorium abzuwandern, verteidigen sie dies eventuell. Diese Verhaltensformen lassen sich nicht unterdrücken oder durch Überfluss von Futter („Schönfüttern") umlenken. Das territoriale Empfinden entspringt einem angeborenen Bedürfnis und muss in die Haltung von Wölfen und Hunden integriert werden.

Ernsthaft territoriale Hunde

Mit dem Thema dieses Buches wende ich mich an die Halter vieler „Hundetypen": Hofhunde, Herdenschutzhunde, Hütehunde, Treibhunde, Allrounder und Urtyphunde – alles Hunde mit einer ernsthaft territorialen Veranlagung.

Haben Sie auch einen ernsthaft territorialen Hund? Was unterscheidet diese „Hundetypen" voneinander und vor allem: Was verbindet sie?

Egal ob sie einen Rhodesian Ridgeback (territorialer Jagdhund), einen Akita (Spitz vom Urtyp, Bauernhund), einen Border Collie (Hütehund), einen Leonberger (Herdenschutzhund) oder einen Entlebucher Sennenhund (Treibhund) als Begleiter an ihrer Seite haben: Sie alle verbindet ein stark ausgeprägter Territorialinstinkt, eine lange Geschichte als skeptischer Bewacher und Hüter der Herden, als Wachhund über Haus und Hof und als reiner Jagdhund.

Unter ihnen gibt es souveräne, ruhige Vertreter, die einen Fremden entspannt ins Haus lassen, solange er nicht den Kühlschrank ausräumt, und die den Spielbesuch der Kinder milde beaufsichtigen, solange der Prinz des Hauses nicht in Streitereien verwickelt und beschützt werden muss.

Es gibt aber auch weniger entspannte Hunde, die hysterische Kläffanfälle bekommen, sobald sich jemand dem Haus nähert oder Frauchen scheinbar von anderen Hunden an der Leine belästigt werden könnte.

Doch alle verbindet das Bedürfnis nach Sicherheit, nach einem eigenen Territorium. Sie alle sind territorial veranlagt und wir Menschen müssen uns mit den daraus entstehenden Bedürfnissen auseinandersetzen.

Zu welcher dieser zwei Gruppen „territorial sicher“ oder „territorial unsicher“ ein Hund gehört, ist sowohl abhängig von der Rasse und der Aufgabe, für die diese Rasse ursprünglich gezüchtet wurde, als auch vom Charakter und der Erziehung, die ein Hund genossen hat. Hundehalter stellen beide Varianten vor Herausforderungen:

Was passiert, wenn mein souveräner Hund den Freund der pubertierenden Tochter für nicht angemessen hält? Was tue ich, wenn mein territorial unsicherer Hund jeden morgen um 5 Uhr den Zeitungsausträger bei seinem Gang durch die Siedlung nach Hause kläffen möchte?

Unsere Hunde wurden durch Tausende Generationen nach ihrer Eignung für eine bestimmte Aufgabe selektiert: Nur diejenigen, die eine Aufgabe fehlerfrei erfüllen konnten, bekamen Nachwuchs.

TERRITORIAL SICHERE UND TERRITORIAL UNSICHERE HUNDE

Man unterscheidet zwischen territorial sicheren Hunden, die der Meinung sind, dass man erst Getöse machen muss, wenn sich ernsthafte Probleme mit ungehorsamen Eindringlingen zeigen, nicht überreagieren und nicht mehr tun als nötig, und zwischen territorial unsicheren Hunden, die sich leicht überfordert fühlen und überreagieren; sie agieren unsouverän. Sie zeigen sich leicht gestresst von fremden Situationen, Besuchen und unerwarteten Ereignissen, schlagen Alarm, wenn der Postbote nur daran denkt, den Klingelknopf zu betätigen, und beruhigen sich schwer, da sie zur Hysterie neigen.

Der Akita ist eine der ältesten Hunderassen und zählt zur Gruppe der asiatischen Spitze und verwandte Rassen.

Die wichtigste Aufgabe für unsere Begleiter war das Wachen und Schützen von Haus, Hof und Herden und die gemeinsame Jagd mit dem Menschen. Begleiter und Familienhund sind unsere Hunde erst seit kurzer Zeit, die Rassehundezucht, wie wir sie heute kennen, gibt es erst seit gut 160 Jahren. Zuvor wurden Hunde wegen ihrer Leistung, Gesundheit, Anpassungsfähigkeit und charakterlichen Merkmale, nicht wegen der Optik vermehrt.

Einige Hunderassen kamen allerdings früher in den zweifelhaften Genuss, keine Aufgabe mehr zu haben und nur zu unserem Wohlgefallen zu existieren: Sie wärmten ihre Menschen im Bett, wurden (und werden), auch hier in Europa, gegessen, dienten als Kindersatz und Spielzeug. Aber selbst in den kleinsten Hunden stecken noch die Instinkte, die der Wolf den Hunden vererbte: Jagd-, Territorial-, Sozial- und Sexualinstinkt.

Die Ausprägung der einzelnen Instinkte ist rasse- und charakterabhängig, aber jeder Hund ist ein Nachfahre unserer ersten Hunde, die wichtige Partner und Mitarbeiter an der Seite ihrer Menschen waren. Und alle Hunde stammen letztendlich vom Wolf ab, mit dem sie das gemeinsame Erbgut bis heute verbindet.

Die Wölfe im Zoo von Hannover mussten sich ein Wechselgehege teilen. Ihre Territorien überschnitten sich somit. Dies führte zu steigender Aggressionsbereitschaft, weil bei jedem Wechsel der Besetzung des Geheges die Markierungen der vorher dort gewesenen Gruppe wahrgenommen und übermarkiert wurden, sich somit die beiden verwandten Gruppen immer wieder das Gelände streitig machten. Das ist ein Krieg auf olfaktorischer (geruchlicher) Ebene. Wir Menschen haben schon wegen weniger Kriege geführt: um Ruhm und verletzte Ehre, Lebensräume, die wir nicht brauchten, Religion und vor allem Geld.

Territoriale Auseinandersetzungen enden nicht nur bei Wölfen bisweilen blutig! Wölfe und andere Tiere würden jedoch, wenn wir sie ließen, ausweichen und abwandern. Dies ist jedoch in unserer Zoohaltung nicht denkbar. Opfer sind die Schwachen.

Wie kam der Mensch zum Hund?

Als Domestikation wird die innerartliche Veränderung von Wildtieren bezeichnet, die dadurch entsteht, dass Wildtiere über viele Generationen hinweg – getrennt von ihren wild lebenden Artgenossen – mit dem Menschen zusammen leben.

„Domus" ist lateinisch und heißt „Haus". Die Domestikation beschreibt also die „Haustierwerdung" von Wildtieren.

Die Isolation des Wildtieres und die Auslese ausgesuchter Tiere ermöglicht es den Menschen, bestimmte unerwünschte Eigenschaften von Wildtieren (Fluchttendenz, Aggressivität, Revieren usw.) dahingehend zu beeinflussen, dass die neu entstehende Art diese nicht mehr in voller Ausprägung zeigt.

Wölfe kommunizieren auf die gleiche Art und Weise wie unsere Haushunde, verfügen jedoch über mehr Gestik und Mimik.

Erwachsene Verhaltensformen der Wölfe wie die Aggressivität gegenüber Konkurrenten (Nahrung, Sexualität, Territorium usw.), die große Fluchtdistanz, die Skepsis gegenüber allem Unbekannten wurden durch die Domestikation zum Haushund annähernd überwunden: Nur einige Facetten des erwachsenen Wolfverhaltens zeigen sich bis heute bei einigen Hunderassen, da es für den Menschen nützlich war, diese züchterisch zu erhalten. Um diese Verhaltensformen soll es hier in dem Buch gehen.

Die „Urhunde"

Die ersten Wölfe schlossen sich den Menschen vermutlich bereits vor weit mehr als 14.000 Jahren an. Sie nutzten die Nahrungsressource in der Nähe der menschlichen Lager, zum Beispiel Abfälle der menschlichen Nahrungs- und Kleidungszubereitung, unterschieden sich aber phänotypisch, also im Erscheinungsbild, nicht wesentlich vom Wolf.

Das Zusammenfinden von Mensch und Wolf erfolgte wahrscheinlich eher zufällig und daraus entstand keine dauerhafte Lebensgemeinschaft, die man als Domestikation bezeichnen könnte.

Die ersten eindeutig Haushunden zuzuordnenden Knochenfunde sind etwa 14.000 Jahre alt (zum Beispiel Kieferknochen und Zähne aus einer Höhle bei Schaffhausen in der Schweiz; gefunden 1873, Nachweis des Alters in 2010 durch Forscher der Universität Tübingen). Die Hunde unterschieden sich nachweisbar von den Wölfen.

Bis heute ist nicht nachzuweisen, von welcher Art genau unsere Haushunde abstammen: Einige Wissenschaftler gehen davon aus, dass der Urahn unserer Hunde bereits lange ausgestorben ist und es nur eine Urahnin unserer Hunde gegeben hat, andere sehen mehrere Vormütter (in der Forschung wird an mitochondrialer DNA geforscht, die nur über die biologische Mutter weitergegeben wird) und schließen aus der Verbreitung und Optik auf den Polarwolf (nordische Spitztypen), europäischen und indischen Wolf (Basenji, Dingo, indischer Pariahund, Neuguinea-Hund, Pharaonenhund, Kanaan Hund usw.) als Stammeltern unserer Hunde.

Die Vorstellung, dass es fünf „Urhundrassen" gegeben haben könnte (Teophil Studer, 1901: Die prähistorischen Hunde in ihrer Beziehung zu den gegenwärtig lebenden Rassen. Verlag Zürcher und Furrer, Zürich) gilt als überholt. Wahrscheinlicher ist, dass die ersten domestizierten Hunde durch künstliche statt natürliche Selektion (Zucht) und den verkleinerten Genpool (Inzucht) die Variationen erfahren haben, die letztendlich zur Rassevielfalt unserer heutigen Haushunde geführt haben.

Mutation des Genoms spielte eine eher untergeordnete Rolle, vielmehr ermöglichte der geschützte Rahmen der Haltung im Hausstand des Menschen

Der Eurasier gehört zu den nordischen spitzartigen Hunden.

(künstliches Habitat) das Überleben „auffälliger" Hunde, die im natürlichen Umfeld aufgrund von zum Beispiel auffallender Fellfarbe, verkürztem Fang, reduzierten mimischen Fähigkeiten durch hängende Ohren usw. nicht hätten überleben können (siehe Feddersen-Petersen 2004, 2008).

Wölfe haben sich endgültig sozusagen „selbst domestiziert": Im Verlauf der Jungsteinzeit (ab 12.000 v. Chr.) begannen die Menschen sesshaft zu werden, um Land zu bearbeiten, Wildgetreide, zum Beispiel Gerste, zu ernten und zu lagern. Die Entwicklung zum modernen Menschen ist gekennzeichnet durch die Domestikation von Tierarten und der Nutzung von Werkzeugen, der Entwicklung von Kunst und Sprache und der Vorratshaltung.

Wirtschaftliche Bedeutung

Wölfe und Hunde dienten den Menschen auch als Nahrungsressource und Fell- bzw. Lederlieferant. An der Universität Hamburg im Institut für Vor- und Frühgeschichte läuft zurzeit eine Untersuchung zu dem Thema „Wirtschaftliche Bedeutung des Hundes im Neolithikum Norddeutschlands", die belegt, dass Hunde auch als Nahrungsressource und Wirtschaftsware dienten. Frühe Ansiedlungen bedingten unter anderem eine Ansammlung von verwertbaren Abfällen wie Knochen, menschlichem Kot und nicht verwerteten Häuten von Beutetieren der Jäger und Sammler.

Einige wenige Wölfe überwanden, sicherlich zu Beginn nur nachts, ihre Skepsis und näherten sich diesen Ansiedlungen, um von diesem wertvollen Abfall zu profitieren. Ihre Jungen wurden in der Nähe dieser dauerhaften Nahrungsquellen, versteckt in Wurfhöhlen, geboren und aufgezogen und gewöhnten sich so sehr früh an menschliche Reize wie Gerüche, Geräusche und distanzierte Sichtkontakte oder wurden sogar von Menschen aus der Obhut ihrer Eltern, zum Beispiel beim Tod der Elterntiere, übernommen.

Die stetig vorhandene Nahrungsquelle stellte einen Vorteil gegenüber anderen Populationen dar und auch der Mensch profitierte von dieser sich anbahnenden Symbiose: Krankheitserreger, die sich im Abfall über die Zeit entwickeln konnten, wurden regelmäßig vernichtet und im Laufe der Gewöhnung und Identifikation der Wölfe mit der menschlichen Ansiedlung – mit den so entstehenden Vorteilen – begannen die Tiere die Siedlungen zu bewachen, das heißt, sie gaben Laut bei sich nähernden Fremden. Übrigens: Wölfe bellen nicht, sie wuffen als Warnsignal.

Der Mensch förderte gezielt durch Selektion dieses Verhalten, sodass sich im Laufe der Domestikation das Bellen aus dem relativ leisen „Wuffen“ entwickelte. Die Sicherheit des Lagers wurde umso größer, je deutlicher und rechtzeitiger man vor Eindringlingen gewarnt werden konnte!

Vom Wolf zum Hund

Da es bis heute nicht wirklich möglich ist, Wölfe als Haustiere zu halten, muss auf dem Weg der Domestikation eine Veränderung vom Wolf zum Hund eingetreten sein. Man geht davon aus, dass sich nur bestimmte Wölfe, deren Fluchtdistanz geringer, deren Skepsis kleiner und deren Bedürftigkeit nach „bereitgestellter“ Nahrung größer war als bei anderen, den menschlichen Siedlungen genähert haben. Diese Tiere wären im natürlichen Umfeld wahrscheinlich weniger überlebensfähig als ihre „wilden“ Artgenossen gewesen.

DIE FELLFARBE

Es gibt einen Zusammenhang zwischen der Fellfarbe und dem Temperament von Tieren. Die dunklen sind skeptischer und „wilder“ als die hell gefärbten. Daher rührt auch die Angst vor schwarzen Hunden. Schwarze Pferde gelten als besonders wild und der schwarze Panther wirkt weniger vertrauenserweckend als der helle Leopard, obwohl sie sich nur durch die Fellfarbe unterscheiden.

Erst die entstehende Bindung an die menschliche Kultur und die damit möglich werdende Aufzucht von Jungtieren in menschlicher Obhut ermöglichten die „Hundwerdung“: Junge Wölfe verhalten sich mit dem Einsetzen der Pubertät wie Wölfe, die bereits erlernte Nähe zum Menschen nimmt ab, die Skepsis nimmt zu und die Wölfe sind nicht ohne Gehege oder besondere Verhaltensbeschränkungen beim Menschen zu halten.

Der Hund hat ein etwa 20 Prozent kleineres Gehirn als der Wolf. Eine Reduzierung der Gehirnmasse um 20 bis 30 Prozent ist bei allen domestizierten Haustieren zu finden! Dies beruht unter anderem darauf, dass die Sinnesleistungen durch Domestikation reduziert werden, da die ehemaligen Wildtiere keine Bedrohung in ihrer Umwelt mehr erfahren und das Gehirn sich sozusagen „bequem“ verhält und über viele Generationen nicht vollständig genutzt wird. Die Überlebensfähigkeit der Haustiere wird dadurch in ihrem Lebensumfeld jedoch nicht verringert. Das Verhaltensrepertoire der domestizierten Tiere ist gegenüber der Wildart reduziert und infantilisiert.

Haushunde bleiben ihren Menschen auch über die Pubertät hinaus „treu“, trotzdem Hündinnen in der Hitze „läufig“ werden und sich auf externe Partnersuche begeben und nicht selten dabei auf ebenfalls suchende Rüden treffen. Der Mensch kann die Partnerschaft von Hund zu Hund in eben diesem einen Punkt nicht ersetzen!

Die Partnerschaft von Mensch und Hund entstand aus dem beiderseitigen Bedürfnis nach Sicherheit. Die Menschen lebten in einer Siedlung, in der sie ihre Kinder aufzogen, ruhig und sicher schlafen konnten, Nahrung bearbeiteten und lagerten. Und die Haus-Wölfe (Bezeichnung nach Erik Zimen) hatten das gleiche Bedürfnis. Man teilte sich ein Territorium zu beiderseitigem Vorteil! Die ersten Hunde waren also Wächter.

Sie bewachten das gemeinsame Territorium von Mensch und Hund. Kein Mensch hätte in Abrede gestellt, dass es ein natürliches Bedürfnis von Hunden ist, ein eigenes Territorium zur eigenen Sicherheit zu besetzen und zu verteidigen. Das war die entscheidende und erste Gemeinsamkeit von Mensch und Hund!

Allmählich lernte der Mensch die jagdlichen Fähigkeiten des Haus-Wolfes zu schätzen: Sein ungeheurer Geruchssinn, seine Schnelligkeit, seine Kooperationsfähigkeit und Übersicht bei der Jagd bereicherten bald die menschliche Jagd.

Die domestizierten Wölfe zeigten das Wild an, folgten der Spur und der Mensch „half“, auch größeres Wild zu erlegen. So wurde aus dem nur auf seine eigene Art bezogenen Wolf der geschätzte Jagdhelfer „Hund“ des Menschen, der artübergreifend mit dem Menschen in einer sozialen Gruppe lebt. Nahm die Anzahl der Hunde Überhand, dienten sie in einigen Gegenden als Nahrungsressource. In anderen Kulturkreisen wurden sie feierlich mit ihren Menschen bestattet.

Bei den Buschmännern in Tansania sind Hunde wichtige Jagdhelfer. Sie schließen sich den Menschen bereitwillig an.

Das Beutespektrum beider Arten vergrößerte sich und somit verbesserte sich der Lebensstandard beider. Noch heute jagen Menschen auf Papua-Neuguinea mit ihren urwüchsigen Hunden und die australischen und Neuguinea-Dingos (Flach- und Hochland) vermitteln uns einen Eindruck davon, wie die frühen Haushunde aussahen.

Die Ähnlichkeit zum indischen Wolf, unter anderem die rötliche Farbe, ist noch deutlich sichtbar, die Veränderung der Rutenform (Ringelrute) zeigt jedoch die Entwicklung zum Hund (asiatischer Spitz-Typ, Hochland-Dingo), die Kieferform und die Schädelknochen zeigen Veränderungen.

Evolutionärer Erfolg durch den Hund?

Zurzeit wird eine weitere Hypothese zur „Hundwerdung“ des Wolfes und dem daraus entstehenden evolutionären Vorteil für die Menschen diskutiert:

Pat Shipman ist Anthropologin und Professorin an der Pennsylvania State University und behauptet, dass bereits vor 40.000 bis 30.000 Jahren, als die Neandertaler in Mitteleuropa verdrängt wurden, erste domestizierte Wölfe dem Menschen gefolgt sind. Schädelfunde ließen sich auf diesen Zeitraum datieren.

Diese frühesten domestizierten Wölfe besiedelten mit ihren Menschen, dem *Homo sapiens sapiens*, zusammen die Siedlungsgebiete der Neandertaler, in die sie von Süden her einwanderten.

Der biologische Vorteil der Hundehaltung in Bezug auf jagdlichen Erfolg und Sicherung des eigenen Territoriums manifestierte laut Pat Shipman den evolutionären Erfolg des *Homo sapiens sapiens* gegenüber den Neandertalern, die im Verlauf relativ kurzer Zeit von der Erdoberfläche verschwanden oder deren Kultur zumindest in der des „modernen Menschen" aufging.

Dieser Hypothese wird in der Fachwelt zumindest nicht eindeutig widersprochen! Sollten wir also unseren evolutionären Erfolg den Hunden zu verdanken haben?

Ab etwa 10.000 v. Chr. (Neolithikum) breitete sich in Europa der Ackerbau mit gezielter Zucht von Getreidesorten aus. Zu dieser Zeit hielten die Menschen bereits domestizierte Tiere wie Ziegen und Schafe, Schweine und Hunde. Pferde wurden erst 5000 v. Chr. domestiziert. Die Hunde bekamen somit einen „neuen Job": Sie wurden zu Herdenschützern und sicherten die kleine Gruppe an Nutztieren, die im bäuerlichen Umfeld gehalten wurden.

Die Selektion auf bestimmte Veranlagungen wurde weiter perfektioniert und die Beeinflussbarkeit der entstehenden Hunderassen nahm zu, damit der Mensch die Hunde zu seinen Zwecken nutzen konnte. Man konnte noch nicht von Rassezucht, sondern nur von Selektion auf Veranlagung sprechen.

Das natürliche Verhaltensspektrum einer Hunde- oder Wolfsgruppe beinhaltet Arbeitsteilung aufgrund unterschiedlicher Veranlagungen einzelner Individuen (Jäger, Wächter, Welpensitter). Diese individuellen Veranlagungen machten sich die Menschen zunutze und verpaarten Hunde gleicher Veranlagung, um diese Eigenschaften zu verstärken.

Im Laufe der Jahrtausende entwickelte der Mensch hochspezialisierte Hunderassen, die eine erstaunliche Vielfalt an Aufgabenbereichen abdeckten und bis heute nicht aus der menschlichen Kultur wegzudenken sind.

Schon bei den Sumerern (um 3000 v. Chr.) und den Ägyptern (ab 4000 v. Chr.) entstanden einheitliche Hundetypen, die mehrfach auf Abbildungen gefunden wurden, die systematische Zucht bestimmter Rassetypen wird jedoch erstmalig den Römern zugeschrieben.

Die Menschen der Antike hielten Wach- und Kriegshunde, die zudem zur Jagd auf Wölfe, Bären und Wildschweine eingesetzt wurden, leichte Jagdhunde (besonders in Ägypten), Herdenschutzhunde und wohl bereits auch einige Gesellschaftshunde, die auf römischen Abbildungen als „Schoßhunde" zu erkennen sind.

Es könnte jedoch auch sein, dass diese abgebildeten kleinen Hunde Welpen waren, die von Familien der Patrizier zum Zeitvertreib gehalten wurden, bevor sie zu anderen Aufgaben „genutzt" wurden.

Auf Gran Canaria findet man noch ursprüngliche Hofhunde, die ihr Territorium bewachen.

Die Hüte- und Treibhundrassen entstanden erst sehr viel später, als durch den Handel mit Wolle und Vieh der Viehtrieb und die Wanderweidenhaltung entstanden. Der Wanderhirte des Mittelalters wurde, besonders in Großbritannien, wo die Schafzucht zur Versorgung des europäischen Wollmarktes erblühte, von Hütehunden unterstützt, die aus den Herdenschutzhunden und leichteren Jagdhunden gezüchtet wurden.

Die Rassehundezucht, wie wir sie heute kennen, begann erst im 19. Jahrhundert, als die Menschen sich das Luxusobjekt Hund leisten konnten und auch theoretisch verstanden, wie Vererbung funktioniert. Charles Darwin hat mit seiner Evolutionstheorie und Gregor Mendel mit der Vererbungslehre der Rassezucht aller Haustierrassen und Nutzpflanzen Vorschub geleistet.

Zusammen wirken – Aufgaben teilen

Ich höre oft den Satz: Mein Hund darf ganz Hund sein. Er muss nur kommen, wenn ich ihn rufe! Ansonsten darf er draußen tun, was er möchte!

Ja was will er denn? Und was will er denn von uns?

Warum streifen wir draußen gemeinsam allein umher, er auf einer Spur, ich auf meinem Spazierweg. Sozusagen im Paralleluniversum ...

Will mein Hund tun, was er tun möchte, oder muss er tun, was er tun kann, weil ich ihm nichts anderes anbiete?

Haben wir vergessen, was uns einst zusammenbrachte: die gemeinsame soziale Struktur und die gleichen Interessen? Das Bedürfnis nach einem sicheren Refugium, nach einem Territorium zur Jagd?

Der erste große Nutzen, den die Spezies Mensch aus dem Zusammenleben mit dem Haus-Wolf, später domestizierten Hund, zog, fiel der Menschheit sozusagen in den Schoß: Die Warnung vor Eindringlingen, die Skepsis gegenüber allem Fremden war sowohl dem Wolf als auch dem frühen domestizierten Hund eigen.

Es bedurfte keines Zutuns durch die Menschen, keiner Zäune, an denen die Hunde die territoriale Grenze des Reviers festmachen konnten; die benötigte Sicherheitszone und die familiäre Lebensstruktur innerhalb dieser räumlichen Grenzen sind bei beiden Spezies so ähnlich, dass keine Abstimmung, keine Erziehung zum Wachhund nötig war.

Einige Hunderassen spiegeln noch diesen Urtyp des frühen Wachhundes wider. Die alten Spitzrassen wie Shiba und Akita, die beide an Neuguinea-Dingos erinnern, sind sehr wachsam, hochgradig territorial und ernsthaft veranlagt. Auch der Finnen-Spitz ist deutlich als aus dieser Linie stammend zu erkennen. Die ursprünglichen Spitz-Typen unterscheiden sich von den mitteleuropäischen Spitzen durch ihren ausgeprägten Jagdinstinkt, der sie mit ihren frühen Ahnen verbindet und uns die ursprüngliche Veranlagung von Hunden sichtbar macht. Der rote Shiba ist ein fast exaktes Abbild des kleinen Hochland-Dingos aus Neuguinea, der eine wieder verwilderte Hundeart darstellt.

Der Finnenspitz hat noch einen ausgeprägten Jagdinstinkt.

Dass Mensch und Hund sich zur Jagd zusammenfanden, geschah fast zwangsläufig, da beide sich durch die Jagd ernährten und ein sehr ähnliches Beutespektrum hatten. Die frühen Jagdhunde ähnelten sicher eher den halbwilden Hunden, die wir auch heute noch in Teilen Asiens und Afrika finden:

Der Basenji aus dem Kongo lebt mit der menschlichen Zivilisation, ist aber nicht ausschließlich auf eine Person bezogen, jagt selbstständig und ähnelt so den frühen Jagdhunden, die nicht wie unsere heutigen Hunderassen spezialisiert für eine Teilaufgabe des Jagdgeschehens gezüchtet wurden. Die Hunde brachten ihre Fähigkeiten in das Jagdgeschehen ein: scharfe Sinne und Schnelligkeit.

Der Mensch folgte dem Hund und schaffte es, mit seinen Waffen auch größte Beutetiere zu erlegen. Eine Symbiose entstand, in der beide Seiten die Vorteile des anderen nutzten und schätzten.

Im Verlauf der Jungsteinzeit entwickelten die Menschen erste Formen von gezieltem Getreideanbau und sich daraus ergebender Vorratshaltung. Zudem domestizierten sie wilde Ziegen, Schafe und Auerochsen, sodass sich das Leben der Jäger und Sammler grundlegend veränderte. Die lebenden Tiere stellten eine wichtige Ressource dar und wurden bewacht, gehütet und geschätzt.

Noch heute wird der Reichtum einer Massai-Familie an der Zahl ihrer Rinder gemessen und in unseren Breitengraden muss ein Landwirt eine große Anzahl Vieh sein eigen nennen oder große Ländereien besitzen, um sich als Großbauer bezeichnen zu dürfen.

Vom Beutegreifer zum Beuteschützer

Der evolutionäre Schritt der Hunde vom Beutegreifer zum Beuteschützer oder -hüter ist nur durch die veränderten Lebensumstände der Menschen möglich geworden:

Ein Beutegreifer „sammelt“ kein Vieh auf der Weide, sondern jagt, um zu fressen. Der Herdenschutzhund ergänzt die Arbeit des Schäfers: Er bewacht die Herden, besonders nachts, wenn der Mensch schläft.

Dem Herdenschutzhund genügt es, seine potenzielle Beute vor der Nase zu haben, er braucht sie nicht zu töten. Diese Hunde sind sehr genügsam, fressen im Verhältnis zu ihrem Körpergewicht kaum etwas und häufig auch nicht an jedem Tag. Sie wachen selbstständig.

In Marokko habe ich Aïdis gesehen, denen der Schäfer „Geschenke“ mitbrachte, um an sein Vieh herangelassen zu werden. Für kein Geschenk der Welt würden diese Hunde Fremde an die Herde lassen!

Doch wie kam es zu dieser Veränderung vom reinen Jäger zum Herdenschützer?

Hunde haben, genau wie Menschen, unterschiedliche Veranlagungen: Einige sind ernster, andere verspielter. Diese Veranlagung beeinflusst uns bei unserer Berufswahl und Partnerwahl. Einige Menschen lieben Hobbys, in denen sie als

Einzelkämpfer an sich selbst wachsen können. Andere sind absolute Teamplayer, die sich einen Solisten-Sport gar nicht vorstellen können.

Die Menschen beobachteten, dass einige ihrer Hunde mehr wachten und weniger jagten, ernster veranlagt waren, sich um die Sicherheit der Gruppe kümmerten, während andere sich mehr in die Jagd einbrachten. Auch in einem Hunderudel gibt es Aufgabenteilung!

Die Menschen machten sich diese Veranlagungen zunutze und verpaarten die territorialen, ernsten und die jagdlich spezialisierten Hunde miteinander. So entstanden unterschiedliche Hundetypen: der Jagdhund, ohne die heutige Spezialisierung, und der Herdenschutzhund, der das Territorium sicherte.

Auch heute noch haben wir sehr urtümliche Jagdhunde als unsere Begleiter:

Rhodesian Ridgebacks, nordische Hunderassen wie Laika, Husky und Malamute oder Allround-Jagdhunde wie der Große Münsterländer und der Weimaraner zeigen in ihrem Verhalten das gesamte Jagdspektrum, inklusive der Tötung der Beutetiere.

Spezialisierte Jagdhunde wie Vorstehhunde (Pointer, Magyar Vizsla, Deutsch Kurzhaar usw.) oder Apportierhunde (Labrador und Golden Retriever, Pudel usw.) sind Hunderassen, die nur für eine spezielle Jagdsequenz wie zum Beispiel das Anzeigen von Wild oder das Apportieren der Beute eingesetzt werden.

Der Große Münsterländer gehört zu den Jagdhunden, die noch das gesamte Jagdspektrum in ihrem Verhalten zeigen.

Sie zeigen weniger von der ursprünglichen Veranlagung, sind nicht so ernsthaft wie die Jagdhunde, welche das gesamte Jagdspektrum zeigen, und sind für den Menschen leichter zu führen, zu motivieren und zu kontrollieren. In diesem Buch werden die territorialen Jagdhunde mit ihrer ursprünglichen Veranlagung beschrieben.

Herdenschutzhunde haben bis heute ihren Platz in der menschlichen Kultur. Kangal, Owtscharka, Maremann-Abruzzen-Schäferhund, Aïdi, Kuvasz oder Estrela sind nur einige der ursprünglichen Herdenschutzhundrassen.

Im nördlichen Mitteleuropa ersetzt der Stacheldraht die Hunde und Stromzäune halten das Vieh vor Ort. In anderen Ländern, in denen das Vieh frei gehalten, also gehütet wird und durch natürliche Feinde wie Wölfe, Bären oder Luchse bedroht ist, haben Herdenschutzhunde immer noch ihre Aufgaben.

Erst in den letzten Jahren, seitdem Wölfe sich in Mitteleuropa ausbreiten, wird die Haltung von Herdenschutzhunden wieder intensiviert. Im nördlichen Italien wird in einigen Landkreisen die Anschaffung und Haltung von Herdenschutzhunden staatlich finanziell unterstützt, um die wieder dort lebenden Wölfe vor Bejagung zu schützen. Der Schweizer WWF hat bei you-tube ein Video ein-

Landseer gehören zu den Herdenschutzhunden, denen man neue Aufgaben gegeben hat.

gestellt mit Verhaltensregeln für Begegnungen mit Herdenschutzhunden: Hunde anleinen, anhalten, abwarten, bis der Herdenschutzhund nicht mehr bellt oder sich nähert, Herde weiträumig umgehen, Fahrräder schieben.

Die nordwestlichen Herdenschutzhundrassen haben sich durch Wegfall ihrer Aufgaben im Verhalten verändert, da sie nach anderen Eigenschaften selektiert wurden. Die Menschen züchteten den „weicheren" Hund, der leichter zu halten und zu beherbergen ist.

Leonberger, Bernhardiner oder Berner Sennenhunde sind Herdenschutzhunde, die neue Aufgaben erfüllen. Der Neufundländer wird von der FCI in der Gruppe 2 den Molossern und dort wiederum in der Sektion 2.2 „Berghunde" geführt, ist also ähnlich wie der Bernhardiner oder der Berner Sennenhund als eigentlicher Herdenschutzhund mit neuem Aufgabenfeld anzusehen. Landseer sind die schwarz-weiße Variante der Neufundländer, die in England zu Beginn des 20. Jahrhunderts kaum noch vorkamen und von deutschen und schweizerischen Hundezüchtern als eigenständige Rasse separiert wurden.

Herdenschutzhunde zeichnet ihre Territorialität, ihr starkes „meins-deins"-Empfinden aus. Sie sollten im Allgemeinen ruhig in der Veranlagung sein und nicht zu Überreaktion neigen. Wenn so ein Hund sich jedoch äußert meint er es auch ernst!

Im Gegensatz zum Herdenschutzhund ist der **Bauernhund** (oder Hofhund) nicht ganz so selbstständig, sondern etwas „formbarer" als der eigenwillige Herdenschützer, der eigene Entscheidungen treffen können muss. Auch Bauernhunde haben ihren eigenen Kopf und können Eindringlinge in die Flucht schlagen, halten sich jedoch am Hof auf und leben nicht selbstständig bei der Herde, sondern im Haus oder Stall.

Durch die Zunahme des Viehhandels (Ochsenwege) und den schwunghaften Wollhandel im Mittelalter (ab 400 n. Chr.) wurde es notwendig, Weidewanderung zu betreiben, da die vorhandenen Grasflächen regelmäßig abgefressen wurden.

Die Schäfer waren also mobil mit ihren Tieren unterwegs, während ihre Familien überwiegend in festen Siedlungsbauten an günstigen Standorten wie zum Beispiel Flussufern lebten. Die schweren, starken und verteidigungsbereiten Herdenschutzhunde konnten die Hütearbeit der Schäfer nur bedingt unterstützen, da sie nicht wendig und agil genug waren.

Es bildete sich ein weiterer Hundeschlag heraus: der **Hütehund**. Leichter und weniger selbstständig machte er es möglich, mit wenigen Menschen große Herden zu hüten und zu bewegen.

Ebenfalls ab dem Mittelalter begleitete der robuste **Treibhund** die Viehhirten auf ihren langen Wegen zu den Viehmärkten. Die Treibhunde entstanden aus den Bauernhunden, den sehr ernsthaft veranlagten Wachhunden der Höfe, die das

Vieh auf die Weide und in den Stall trieben, und leichteren Jagdhunden. Sie wurden gebraucht, um Rinder zu treiben; die meisten Hütehunde wurden dagegen an Schafen und Ziegen eingesetzt.

Ihnen allen ist eine große Skepsis gegenüber Fremden gemein, die garantierte, dass sich niemand unbemerkt dem Vieh nähern konnte. Hütehunde ähneln in ihrem Verhalten jedoch nur in Bezug auf diese Skepsis den Herdenschutzhunden. Sie sind viel jagdlicher veranlagt, reagieren auf jede Bewegung des Viehs, zeigen beim Hüten eine Teilsequenz der Jagd: das Selektieren und Verfolgen einzelner Beutetiere bzw. das Zusammentreiben einer Gruppe von Beutetieren.

Hütehunde werden von den Schäfern beaufsichtigt, müssen lernen, beim Hüten nicht „zuzugreifen" und müssen ihren Affekt kontrollieren.

Ein Herdenschutzhund hat einen gering entwickelten Jagdinstinkt. Bildhaft gesprochen: Wäre er ein Mensch, würde er sich eine Limousine kaufen, um sie zu polieren und zur Schau zu stellen, ein Hütehund hätte einen Sportwagen, um möglichst schnell unterwegs zu sein!

In diesem Buch soll es um die gemeinsame Veranlagung dieser Hundetypen gehen: die Skepsis und den Territorialinstinkt.

Kelpies werden auch heute noch besonders wegen ihrer zuverlässigen Arbeit am Vieh geschätzt.

Veranlagungen

Als Veranlagung bezeichnet man sowohl genetisch vorbestimmte körperliche Merkmale als auch Verhaltensweisen, Temperamente und charakterliche Konstitutionen, die durch die genetische Konstellation der biologischen Eltern bestimmt werden.

Die Veranlagung prägt den sogenannten Genotyp, die genetisch bedingte Ausprägung eines Individuums. Der Phänotyp entsteht aus der genetischen Anlage und den darüber hinaus einwirkenden Einflüssen wie Erfahrungen, Ernährung, Erziehung, Krankheit, Gesundheit usw.

Die vier Instinkte, die im Folgenden beschrieben werden sollen, finden sich sowohl beim Wolf als auch beim Hund.

INSTINKT ODER TRIEBVERHALTEN?

Es gibt Fachleute, die den Begriff Instinktverhalten mit „Triebverhalten" gleichsetzen und Theorien, die Instinkte als eine Triebfeder des Verhaltens sehen, ablehnen. Der Hund sollte nicht auf seine Instinkte reduziert werden. Ich bin auch der Meinung, dass wir unsere Hunde nicht auf ihr instinktiv gesteuertes Verhalten reduzieren dürfen und bin mir sicher, dass auch Hunde ihr Verhalten willentlich steuern können. Ich denke jedoch, dass sich aus den Instinkten unterschiedliche Bedürfnisse ergeben, die das Handeln beeinflussen.

Auch wir Menschen handeln instinktiv, wenn wir Gefahren vermeiden, wenn wir Schutz suchen, wenn wir Beziehungen und Sozialkontakte eingehen und uns um Nahrungsvorräte bemühen. Letztendlich ist es nur die Namensgebung, die viele Menschen schreckt: Sind auch wir und unsere uns so nahe stehenden Hunde „Opfer" der simplen Biologie, wonach sich eine Reaktion oder Handlung aus dem bewussten und unbewussten Verhalten zusammensetzt?

Instinkte sind unsere Lebensversicherung, die trotz unserer Vernunft unser Verhalten beeinflussen und die wir nicht ohne große Kraftanstrengung überwinden können.

Letztendlich ist es vielleicht eine Frage der Namensgebung: Ob wir unsere unbewusste Motivation und die unserer Hunde nun Instinkt, Bedürfnis oder anders nennen, ist gleichgültig. Entscheidend ist, dass es einen Steuerungsmechanismus gibt, der das Handeln der Individuen beeinflusst und der sich außerhalb erlernter Normen bewegt.

Das Instinktverhalten wird durch die individuellen Veranlagungen bestimmt – auch bei diesem Leonberger.

Dies bedeutet, dass wir uns mit diesen angeborenen Bedürfnissen/Instinkten beschäftigen müssen, wenn wir unsere Hunde verstehen, erziehen und sozialisieren wollen. Wir sollten unsere Erziehungsphilosophie an die Veranlagung unserer Hunde anpassen, wenn wir Erfolg damit haben wollen!

Die Ausprägung des Instinktverhaltens entstammt der individuellen Veranlagung des Hundes, die maßgeblich durch die Rasse und deren ursprüngliche Aufgaben beeinflusst wurden. Die Instinkte lassen sich nicht vollständig „wegzüchten", da sie das Gerüst für das Überleben der Art darstellen. Ein Hund ohne Instinkte wäre kein Hund mehr, sondern ein von unserer Fantasie abhängiges Produkt.

Egal wie klein oder groß, kurz- oder langnasig, plüschig, lockig oder glatthaarig ein Hund auch sein mag: Die Instinkte sind wach und lassen unseren Haushunden die Tür zum selbstständigen Leben auf.

Durch Selektion in der Zucht hat sich die Ausprägung der Instinkte verschoben, die Rassen unterscheiden sich in der Veranlagung. Letztendlich sind sie aber alle Nachfahren der Wölfe und wenn wir bereit sind, unsere rosarote „Hundebrille" abzunehmen, können wir dies auch erkennen und genießen.

Territorialinstinkt

Haben sie Schlösser an ihrer Haustür? Finden sie es erstrebenswert, unter einer Brücke zu schlafen?

Wir suchen Sicherheit, wir grenzen uns ab, schaffen uns Freiräume, definieren uns durch Besitz, träumen von dem, was wir nicht haben, spielen Lotto, um sicher zu sein, dass wir keine finanziellen Sorgen im Leben haben werden: Wir wollen Sicherheit im Leben, damit wir Freiräume genießen können!

Der Beginn der Symbiose von Mensch und Wolf ist das gemeinsame Bedürfnis nach Sicherheit. Ein Haus, ein Lager, ein Zelt, eine Höhle sein eigen zu nennen, sich als Bewohner kenntlich zu machen, sichtbare Grenzen zu seinen Nachbarn zu ziehen, Geborgenheit zu finden – das sind ureigene Instinkte von uns Menschen. Dieses Bedürfnis teilen wir mit Wölfen und Hunden.

Diese Gemeinsamkeit ist die Grundlage unserer Verbindung zum Haushund, der Motor der Domestikation des Wolfes und sie ist gleichzeitig in der heutigen Zeit eine der größten Baustellen im Zusammenleben mit unseren Hunden.

Wir übersehen in unserem modernen Leben, dass unsere eigene Territorialität – unser Territorialinstinkt – immer noch vorhanden ist. Auch wir können uns diesen Instinkt nicht aberziehen, wegzüchten oder abtrainieren. Wir verschließen unsere Häuser, ziehen Gartenzäune, statten Sonnenliegen mit Handtüchern aus, sticken Initialen auf Kleidungsstücke und bedauern Obdachlose, „fahrendes Volk“ und Kriegsflüchtlinge. Wir wünschen uns ein sicheres Heim.

Aus dieser Basis-Sicherheit heraus agieren wir und gestalten unser Leben. Auch Wölfe und Hunde brauchen diese Sicherheit: Ein ängstlicher Hund kann nicht fressen, nicht schlafen, nicht leben. Fehlende Sicherheit bedeutet Stress und Stress beeinträchtigt die Lebensqualität, die Zeugungsfähigkeit, den Stoffwechsel, die Nahrungsverwertung und das Immunsystem. Territoriale Sicherheit stellt die Grundlage für ein intaktes Leben von Wolf, Hund und Mensch dar.

In unserem Leben ist die Struktur der Kleinfamilie vorherrschend. Eltern ziehen ihre Kinder groß und sorgen für deren körperliche und geistige Unversehrtheit, fördern und fordern ihren Nachwuchs und sichern so deren Existenz im Erwachsenenalter.

Es ist selbstverständlich, dass wir uns den Kindergarten ansehen, in den wir unsere Kinder schicken werden. Wir wollen den Trainer des Sportvereins unserer Sprösslinge kennenlernen und uns die Freunde, mit denen unser Kind Umgang hat, genau beäugen. Wir sorgen für die Sicherheit unserer Kinder und sind verantwortlich für ihre körperliche, geistige und psychische Gesundheit, ihre emotionale Stabilität und Zukunftsgestaltung.

Dieser Rhodesian-Ridgeback-Senior beobachtet sein Umfeld am liebsten aus einer sicheren Position heraus.

Ebenso tun dies unsere Hunde. Territorialverhalten ist erwachsenes Verhalten und zeigt die geistige und körperliche Reife eines Hundes.

Die Rassen, um die es in diesem Buch geht, sind reife Hunde mit einem erwachsenen Verhaltensrepertoire, das uns immer noch erahnen lässt, wie Hunde ursprünglich einmal waren: souverän, sicherheitsbewusst, angepasst an ihr Leben als Welpen-Eltern, ernsthaft und somit überaus faszinierend.

Den Territorialinstinkt der Hunde zu begreifen und in die Erziehung und Beziehung zu unseren Hunden einzubeziehen, bedeutet, ein tiefes Verständnis für den ursprünglichen Hund als Nachfahr des Wolfes zu entwickeln!

Hunde ziehen keine Zäune. Sie markieren ihr Territorium mit Urin, Kot und optischen Signalen wie Krallenspuren. Sie versuchen uns mitzuteilen, wie sie die Welt sehen, und hoffen auf unser Verständnis. Zeigen wir uns verständig!

Durch das enge Zusammenleben in Städten, durch sich überschneidende Spaziergehwege, öffentliche Parks und Hundewiesen fordern wir von unseren Hunden große Toleranz und Duldsamkeit gegenüber anderen Hunden und Menschen. Häufig erwarten wir sogar, dass unsere Hunde begeistert mit anderen spielen, obwohl sie längst erwachsen sind! Wir aberkennen ihr Bedürfnis nach Distanz zu fremden Hunden und interpretieren die aufgeregte Kontaktaufnahme mit hoch erhobener, eventuell peitschender Rute und steifem Gang fälschlicherweise als Freude. Wir halten es für unmöglich, dass Rüden ihre Blase auf einmal entleeren können, ohne an 13 Laternenpfählen und Bäumen zu markieren.

Der französische Berger de Picardie gehört zu den eher territorial unsicheren Schäferhunden.

Wir erkennen die territorialen Bedürfnisse unserer Hunde nicht, sondern erwarten, dass sich mit unserer Verstädterung, unserem modernen Leben auch die Bedürfnisse der Hunde verändert haben. Wir infantilisieren unsere Hunde, erwarten den „ewigen Welpen". Viele Menschen glauben an den immer und überall gültigen Welpenschutz, der in der Realität doch nur für Welpen des eigenen Rudels gilt! Unsere Träume vom unbeschwerten Leben soll unser Hund erleben. Doch die meisten Hunde erträumen sich dies nicht.

Man unterscheidet zwischen **territorial sicher agierenden** und **territorial unsicher agierenden** Hunden.

Der territorial sichere Hund muss nicht an jeden Baum oder Laternenpfahl markieren. Er sucht sich auf einer Wiese den Mittelpunkt, schaut sich einmal in der Runde aller Anwesenden um und markiert dann so, dass kein Zweifel aufkommen kann: Einmal reicht, damit alle wissen, wem die ganze Wiese gehört.

Territorial unsichere Hunde überreagieren, fühlen sich leicht durch andere Hunde und Menschen in „ihrem" Revier verunsichert, markieren ständig und überall und versuchen zu demonstrieren, dass sie souverän und erwachsen sind. Damit erreichen sie das genaue Gegenteil, denn ihr Überaktionismus ist schlicht und einfach „uncool"!

Territorial sichere Hunde regen sich über Besuch nicht auf. Sie beobachten den Gast und ihr Blick sagt: „Mach keinen Fehler, dann ist alles gut!"

Meine Rhodesian-Ridgeback-Dame hat gern Besuch, beobachtet aber Fremde genau. Vor vielen Jahren bat ich einen Gast, kurz in der Küche sitzen zu bleiben, während ich zum WC ging. Ich hörte, noch bevor ich die Hände gewaschen hatte, ein Rufen aus der Küche und eilte herbei. Mein Hündin hatte unter dem Tisch gelegen und sanft, aber bestimmt nach dem Fuß des Besuchers gegriffen, als dieser aufstehen und zum Kühlschrank gehen wollte! Sie hatte es nicht nötig zu beißen, sie hatte nur angedeutet, dass sie es könnte, wenn in meiner Abwesenheit nicht alles mit rechten Dingen zugeht. Heute ist sowohl die Küche durch ein Kindergitter „hundesicher" abgetrennt als auch meine Hündin älter und weiser. Aber ich würde sie bis heute nicht allein zusehen lassen, wenn jemand unseren Kühlschrank ausräumen möchte!

Wie wir Besuchssituationen und den öffentlichen Raum für unsere ernsthaften, erwachsenen Hunde entspannt gestalten und begehen können, wird im Kapitel „Der ernsthaft territoriale Hund in der Stadt" erläutert.

Jagdinstinkt

Der Jagdinstinkt von Beutegreifern ist mehr als nur das Bedürfnis nach Nahrungsbeschaffung. Wäre dies so, würden unsere gut gefütterten Haushunde problemlos der Wildfährte oder dem fliehenden Eichhörnchen widerstehen können!

Der Rhodesian Ridgeback ist ein passionierter Hetzjäger, der viel Spaß an der Ersatzjagd beim Hetzspiel hat.

Mit der stark eiweißhaltigen fleischlichen Nahrung werden dem Körper eines Beutegreifers Reserven und Energien zur Verfügung gestellt, die ein Pflanzenfresser nur schwer freisetzen kann.

Der Jagdinstinkt unterscheidet die Beutegreifer, allesamt Fleischfresser (Carnivoren; carne = Fleisch), von den Grasfressern (Herbivoren; herba = Blatt).

Das Bedürfnis, einem Wildgeruch zu folgen oder einem aufgescheuchten Reh hinterherzuhetzen, auch wenn der Hund es eigentlich nicht nötig hätte, entspringt dem biologischen Programm, trotz Misserfolges weiterzujagen. Anderenfalls würde das Individuum auf Dauer verhungern!

Ein Hormoncocktail aus Adrenalin, Endorphinen und Serotonin beflügelt die Tiere und uns Menschen auf der Jagd, treibt auch uns zu Hochleistungen, spannt die Muskeln, schärft die Sinne und belebt unser Couchpotato-Bewusstsein.

Nicht das Ergebnis einer Jagd, egal ob nach Einkaufs-Schnäppchen, Rehböcken, Rekorden oder Medaillen, macht uns glücklich und einige Individuen sogar süchtig, sondern die Jagd an sich.

Der „Adrenalin-Kick" treibt uns an: Mensch und Hund, Wolf und Katze. Vorübergehend befriedigt ist der Wunsch nach Jagd, wenn wir auf einer Wolke aus Endorphinen die Früchte der Jagd genießen, nach einem Fallschirmsprung wieder sicher auf dem Boden gelandet sind oder der Wolf sich niederlässt, um das Beutetier zu fressen.

Ohne den „Adrenalin-Kick" vor dem Fressen, ohne den freien Fall vor dem sicheren Boden unter den Füßen, schmeckt das Futter fade, erscheint der feste Boden unter den Füßen banal. Durch die Hormonausschüttung bei der Jagd bereitet sich der Körper der Beutegreifer auf die Verdauung vor, wird die optimale Verwertung des Futters, die bestmögliche Arbeit des Immunsystems gewährleistet.

Unsere Hunde haben sich uns angeschlossen und uns bei der Jagd begleitet, weil wir auch dort, ebenso wie bei dem Bedürfnis nach territorialer Sicherheit, Gemeinsamkeiten haben, die ein Zusammenleben rechtfertigen und harmonisieren.

Der Jagdinstinkt ist bei den verschiedenen Rassen, aber auch bei den einzelnen Individuen unterschiedlich stark ausgeprägt. Dennoch hat jeder Hund einen Jagdinstinkt.

Es gibt aber tatsächlich Menschen, die ernsthaft behaupten, dass ihre Jagdhunde, mir bekannt von einer Weimaraner- und einer Flat-Coated-Retriever-Zucht, nach drei Generationen Auslese-Zucht keinen Jagdinstinkt mehr hätten! Millionen Jahre Evolution überwunden in drei Hundegenerationen: eine grauenvolle und absolut unrealistische Vorstellung!

Herdenschutzhunde haben häufig einen gering ausgeprägten Jagdinstinkt, ihre Motivation zu gemeinsamer Aktivität mit uns hält sich dementsprechend oft in Grenzen. Hütehunde und Jagdhunde sind dagegen sehr viel jagdlicher orientiert, daher oft leichter ansprechbar für Erziehung, da die gemeinsame Jagd von den Individuen Abstimmung und Kommunikation erfordert.

Wölfe und Hunde jagen überwiegend in ihrer sozialen Gruppe mit exakter Aufgabenverteilung. Die Tiere mit der meisten Erfahrung, der größten Geschicklichkeit und Kraft, also die Elterntiere, übernehmen die gefährliche Aufgabe des Stellens und Tötens der Beutetiere. Sie zeigen komplettes erwachsenes Jagdverhalten.

In unserer heutigen Rassehundezucht haben sich viele Rassen etabliert, die nur noch Teile des kompletten Jagdverhaltens zeigen. Sie wurden aus infantiler veranlagten Hunden gezüchtet, die in ihrem Rudel nicht bei der Jagd die Rolle der Eltern übernommen haben.

In diesem Buch geht es vor allem um die Jagdhunde, die das volle Verhaltensrepertoire des Jagens zeigen: Spur aufnehmen oder Wild sichten, hetzen, stellen, töten und fressen.

Erwachsenes Verhalten stellt uns oft vor die Frage, wie wir uns dazu stellen sollen: Wir können kein wildes Jagdverhalten dulden und Verbote werden von den Hunden häufig nicht verstanden oder wirken sich, durch Meideverhalten etabliert (zum Beispiel Stromhalsband), traumatisch auf die Tiere aus.

Beschäftigung als Jagdersatz für die Hunde zu finden, stellt uns vor Herausforderungen, auf die in Kapitel „Richtige Beschäftigung für territoriale Hunde“ eingegangen wird.

Der Riesenschnauzer ist ein Solitärjäger mit ausgeprägtem Territorialinstinkt.

Kleine Hunde, die körperlich nicht in der Lage sind, große Beutetiere zu stellen, würden sich durch Solitärjagd, also Einzeljagd ernähren. Ratten, Mäuse oder junge Kaninchen stellen ihr Beutespektrum dar. Ratten und Mäuse zu jagen bedeutet nicht zu teilen, also keine soziale Jagdgruppe zu benötigen, um sich zu erhalten.

Dementsprechend stellen Solitärjäger wie Terrier, Dackel, Pinscher, Schnauzer und andere kleine Rassen einige besondere Anforderungen an ihre Halter und Erzieher, die hier jedoch nicht thematisiert werden können.

Die Veranlagung des kleinen Schnauzers findet sich auch im Riesenschnauzer, der aus den kleinen Verwandten gezüchtet wurde, wieder. Trotzdem der Riesenschnauzer zu den Bauernhunden gehört und einen stark ausgeprägten Territorialinstinkt hat, bleibt er dennoch ein Solitärjäger und stellt somit eine besondere Herausforderung für seine Halter dar.

Sexualinstinkt

Es gibt kaum ein Thema, das in Bezug auf Hunde so ausführlich und kontrovers diskutiert wird, wie die Sexualität unserer geliebten Vierbeiner:

Einerseits wird das Thema klein geredet, da unsere lieben Tiere ja infantil und keinesfalls erwachsen sind und sich daher ja aus dem „Trieb" auch keine „Triebtäter" entwickeln können. Auf der anderen Seite wird immer noch empfohlen, Hunde erst kastrieren zu lassen, wenn sie körperlich und geistig ausgereift sind, um zu verhindern, dass sie kindlich bleiben. Besonders Tierärzte orientieren sich gern ausschließlich an der körperlichen Entwicklung der Hunde und verweigern den Junghundehaltern eine frühe Kastration. So werden zunehmende Auseinandersetzungen in der Pubertät, die zu seelischen Problemen von Halter und Hund führen, eventuell gefördert.

Wenn bei uns in der Pension ein sechs Monate alter Rhodesian-Ridgeback-Rüde versucht, unseren kastrierten sieben Jahre alten Rhodesian-Ridgeback-Rüden zu „besteigen", weil die Hormone mit ihm durchgehen, dann ist das mehr als gewagt und potenziell gefährlich für den jungen Herrn. Darüber hinaus ist es ein Zeichen dafür, dass unter dem Einfluss überbordender Hormone der Selbstschutz aussetzt.

Ist das gesund?

Dem jungen Schnösel ist hier nichts passiert, ihm wurde nur einmal mit geöffnetem Fang über den Nacken gegriffen und er hat sich sehr erschreckt. Aber was hätte bei einem weniger sozialisierten Rüden passieren können? Keiner will die Zicke an der Leine, keiner den Super-Macho, der Frauchen abschirmt, aber vorzubeugen ist dennoch nicht zumutbar.

Der Sexualinstinkt ist nicht bei allen Hunden wie diesen Braque d'Auvergne gleich stark ausgeprägt.

Erstaunlicherweise käme niemand auf die Idee, dass Hengste sich gut miteinander verstehen müssen oder Kaninchen „asexuell" miteinander leben! Wir finden es normal, dass Rüden an jede Laterne urinieren, um anderem mitzuteilen, dass sie „unterwegs" und präsent sind. Wir finden es nicht abwegig, dass sich Hündinnen in der Hitze von uns entfernen, um geeignete Partner zu finden.

Wir erwarten jedoch, dass die daraus entstehenden Konsequenzen wie sexuell motivierte Streitigkeiten zwischen Hunden und die komplette Abwesenheit von Abrufbarkeit und Gehorsam unter hormoneller Verwirrung der Hunde nicht stattfinden.

Für uns sollen sie ihre Bedürfnisse überwinden, uns sollen sie auch im Angesicht der betörendsten Gerüche und potenziellen Hundepartnern gehorchen und sich aus Liebe zu uns in ein selbst gewähltes Zölibat begeben!

Und wir sagen, dass wir unsere Hunde so sehr lieben, dass wir ihnen eine Befreiung von diesen nicht auslebbaren Bedürfnissen durch Kastration nicht zumuten wollen. Unterbewusst erwarten wir schlicht und ergreifend, dass unsere Hunde für immer Welpen bleiben: keine sexuellen Bedürfnisse, keine sexuelle Konkurrenz, kein erwachsenes Verhalten.

Wölfe haben eine stark ritualisierte Sexualität: Nur die ranghöchsten Tiere der Gruppe pflanzen sich fort, die anderen Mitglieder der Gruppe entfernen sich in der Zeit der Hitze oder diese bleibt durch soziale Hemmung unterentwickelt.

Zudem tritt die Hitze bei der Fähe nur einmal im Jahr und nicht wie bei unseren Haushunden zweimal im Jahr auf. Territorial lebende Wölfe und wild lebende Hunde im eigenen Revier haben nicht andauernd Kontakt zu fremden Tieren der gleichen Art, sodass die Konkurrenzsituation unter den Individuen außerhalb der eigenen Gruppe kaum auftritt.

Die Fähe oder Hündin des Rudels gerät einmal im Jahr in Hitze und die soziale Gruppe zieht gemeinsam die Welpen auf. Junge Nachkommen, die einen sehr hohen Status haben und potenziell eine eigene Familie gründen könnten, wandern ab und suchen ein neues Territorium. Diese Möglichkeit haben unsere Hunde nicht.

Unsere Lebensart, unser Umfeld bedeutet für die meisten Hunde sexuellen Stress, den wir Menschen nicht wahrnehmen wollen. Das ganze Jahr über werden die Hunde mit den olfaktorischen Reizen und der Anwesenheit von paarungsbereiten Hündinnen und konkurrierenden Rüden konfrontiert.

Hündinnen entwickeln nicht selten Aggressionen gegenüber fremden Hündinnen und Rüden leiden nicht selten tagelang körperlich und seelisch, weil in der Nachbarschaft eine Hündin läufig ist. Sie verweigern oder vertragen ihr Futter nicht, winseln stundenlang und sind nicht wirklich ansprechbar.

Jeder Hundehalter hat schon einmal die bange Frage bei einer anstehenden Begegnung mit einem entgegenkommenden Hundebesitzer „Rüde oder Hündin?“ gehört. Das sollte uns zu denken geben.

Zwei unkastrierte Rüden im „Gespräch“. Die angespannte Körperhaltung deutet schon auf ein Konfliktpotenzial hin.

Rüden einmal decken zu lassen oder sie zu Deckrüden zu degradieren bedeutet, sie auf ihre sexuellen Bedürfnisse zu reduzieren und ihnen den eigentlichen Zweck der Sexualität, die Aufzucht der Nachkommen, vorzuenthalten. Hunderüden sind liebevolle Väter und unterstützen die Hündinnen in der Aufzucht der Welpen, sobald diese mit etwa vier Wochen aus der Wurfhöhle kommen.

Selbstverständlich gibt es auch entspannte unkastrierte Hunde, die sich ihrer untergeordneten Position in der sozialen Gruppe bewusst sind und daher keinen sexuellen Stress entwickeln. Sehr selten trifft man auch sehr souveräne Hunde, die keinen übermäßig ausgeprägten Sexualinstinkt haben. Letztendlich ist es unsere Aufgabe einzuschätzen, ob es unseren Hunden gut geht. Wenn wir es schaffen, die sexuelle Konkurrenz zu anderen Hunden zu umgehen und unsere vor eventuellen Übergriffen anderer Hunde zu schützen, stellt die Sexualität der Hunde kein sehr großes Problem dar.

Leider ist es häufig so, dass Hunde, bevor sie selbst erwachsen sind, bereits von anderen gemaßregelt werden und so Feindbilder entwickeln. Wenn ein unkastrierter erwachsener Rüde einem jungen Schnösel klarmacht, dass er im Revier nichts zu melden hat, dann wird der junge Schnösel später genauso handeln.

Wir leben in einer stark sexualisierten Welt, in der in Werbung, Film, Fernsehen, Musiktexten usw. das Thema Sexualität allgegenwärtig ist. Wahrscheinlich fällt es uns Menschen daher so schwer sich einzugestehen, dass in der Welt unserer Hunde andere Gesetze gelten, Sexualität an Hierarchie gekoppelt ist und nicht von jedem Individuum ausgelebt werden kann und muss.

Selbstverständlich ist die Ausprägung des Sexualinstinktes sowohl rasse- als auch charakterabhängig und wir sollten immer das Individuum Hund betrachten und versuchen, sein Verhalten auch hinsichtlich der Sexualität richtig zu interpretieren und uns angemessen verhalten.

Wie wir unserem ernsten Hund den Stress seiner Sexualität nehmen können, wird in einem späteren Kapitel beschrieben.

Sozialinstinkt

Der Sozialinstinkt ist des Menschen liebste Veranlagung: der beste Freund, Partner- oder Kindersatz, Sportkamerad oder Beschützer!

Wir erwarten, dass alle Hunde glücklich miteinander spielen, sich als ein großes, glückliches Rudel verstehen. Sie sollen alles teilen, auch Futter, Bälle und Kameraden. Der Futterneid wird überwunden durch das gemeinsame Füttern mehrerer Hunde – ein wahrer Hippie-Traum!

Eltern werden sich vielleicht daran erinnern, wie eifersüchtig ihre Kinder Schokolade und Spielsachen bewachten, bis sie lernten zu teilen! Warum sollten Hunde da anders sein?

Einige Menschen sehen in ihren vierbeinigen Familienmitgliedern Sport- oder Arbeitsgeräte, die beliebig formbar sind oder höchstens aufgrund ihrer Rasse in bestimmten Bereichen „Eigenarten" entwickeln, mit denen man sich aber heimlich schmückt.

Ich erlebte vor vielen Jahren in einer Hundeschule (nicht meiner!), wie der Halter zweier unkastrierter Rhodesian-Ridgeback-Rüden von einem Zusammentreffen mit einem Halter zweier Riesenschnauzer berichtete:

Die Ridgebacks liefen am Fahrrad und die Riesenschnauzer waren mit ihrem fußläufigen Menschen unterwegs. Der Riesenschnauzer-Halter verkündete von Weitem: „Meine tun nichts!" Und leinte seine Hunde nicht an. Der andere Hundebändiger berichtete breit grinsend, dass er antwortete: „Meine schon!" und seine unangeleinten Rüden weiter frei laufen ließ.

Am Schluss waren drei Hunde verletzt, darunter beide Riesenschnauzer. Alle vier Hunde haben sich hündisch gesehen relativ normal verhalten: Beide Rassen sind stark territorial veranlagt und wollten das scheinbar ihnen gehörende Revier verteidigen. Zu dem territorial motivierten Verhalten kam noch sexuelle Konkurrenzverhalten (fremde unkastrierte Rüden in meinem Revier!) dazu.

Hier sieht man, dass dieser Hovawart eine enge Bindung zu seiner Bezugsperson hat.

Wölfe treffen in ihrem Revier keine fremden Wölfe, Löwen verteidigen ihr Territorium gegen andere Löwen und Hyänen, männliche Walrösser und Pavianmännchen verteidigen ihren Harem. Und wir erwarten von unseren Hunden, dass sie mit allen anderen Hunden Pfötchen halten und lebenslang Kind bleiben, spielen und tollen, Kinder lieben, Einbrecher verscheuchen, uns souverän schützen, solange wir dies wollen. Eigentlich soll unser Hund das bessere Stofftier sein, das im Angesicht der Gefahr zum Löwen mutiert!

Wir Menschen lieben an Hunden ihre Bindungsfähigkeit und ihre Fähigkeit, uns rückhaltlos Vertrauen zu schenken. Sie können unsere Emotionen besser lesen, als viele Menschen sich gegenseitig verstehen, und wir bewundern ihre emotionale Stabilität und ihren Optimismus, die Fähigkeit im Hier und Jetzt zu leben. Viele Menschen wollen für dieses Geschenk der Hingabe an uns Freiheit zurückschenken, Attribute vergeben, die wir uns selbst nicht zugestehen:

„Er darf einfach Hund sein“ ist ein von mir oft gehörter Satz, der beinhaltet, dass dem Hund so wenig Grenzen wie irgend möglich gesetzt werden, damit er sich „ausleben“ kann.

Zugleich wird aber erwartet, dass eben dieser Hund sich nicht jagdlich am Reh „betätigt“ oder den Hausherren von Frauchen wegknurrt und die Spielgefährten der Kinder nicht am Herumtollen im Garten hindert. Der neue, freche Welpe der Nachbarn soll sich an seinem Mittagsmahl beteiligen und auf seiner Decke spielen dürfen! Hunde erfüllen dem Menschen viele Wünsche, Sehnsüchte, vertreiben Ängste und Nöte. Fragen wir uns oft genug, ob unsere vierbeinigen Lebensgefährten diese Rollen auch erfüllen wollen? Verwechseln wir vielleicht Lassie und Boomer mit unserem Hasso?

Mensch und Hund haben zusammengefunden, weil ihre sozialen Systeme einander so ähnlich sind, sie in den gleichen Familienstrukturen leben und sehr ähnliche soziale Bindungen eingehen. Der Familienverband aus Eltern und ihren Zöglingen, die von den Eltern erzogen werden, um sich später eine eigene Familie aufbauen zu können, ist bei Menschen, Wölfen und Hunden gleich.

Im Wolfsrudel verlassen nicht immer alle Jungtiere die Eltern, sondern nur die mental stärksten, die eine souveräne Veranlagung mitbringen, um selbst Welpen großzuziehen, und ein eigenes Territorium behaupten werden können. Sie verlassen das Rudel, um ein eigenes zu gründen.

Eltern sind verantwortlich für ihre Kinder, für deren Erziehung, Aus- und Weiterbildung, für ihre emotionale Stabilität und die Entwicklung und Förderung ihrer Stärken. Ebenso ist dies bei Hunden und Wölfen. Die Eltern zeigen den Jungtieren ihr Territorium, fördern ihre unterschiedlichen Veranlagungen und erziehen sie zu wertvollen Mitgliedern der sozialen Gruppe.

Schnelligkeit, Auffassungsaufgabe, die Ausprägung der einzelnen Sinne und der individuelle Charakter eines Tieres entscheiden über die Aufgaben, die jedes Individuum in der Gruppe erhält und erfüllt. Die Elterntiere vermitteln emotionale Sicherheit und sorgen für körperliche Unversehrtheit ihrer Welpen. Hundeeltern reagieren verbindlich und zu 100 Prozent konsequent. Sie entscheiden über wichtig und unwichtig, gefährlich oder ungefährlich und setzen ihre Entscheidungen durch. Kein Welpe wird es schaffen, sich vor seinen Eltern einer Gefahr zu nähern. Die Hundeeltern schützen ihre Welpen und zeigen ihre Kompetenz in ernsthaften Situationen.

In den ersten Monaten, bis die Jungtiere das erste Mal eine Jagd mit etwa einem halben Jahr als Zuschauer und anzulernende Helfer begleiten dürfen, vermitteln die Eltern alle notwendigen kommunikativen Signale. Alle Abläufe der Zusammenarbeit, die notwendig sind, um als gut organisierte, effektiv zusammenwirkende, effizient jagende Familie mit klarer Aufgabenverteilung gemeinsam Großwild zu jagen, werden vor der ersten Jagd erlernt. Viele Menschen beginnen aber mit der Erziehung ihrer jungen Hunde erst, wenn diese ein halbes Jahr alt sind!

Junge Hunde wissen von Beginn an, wo ihre Grenzen sind, in denen sie sich frei bewegen dürfen. Sie vertrauen auf den Schutz und die Zuwendung durch ihre Eltern. Streitigkeiten werden ritualisiert beigelegt, es gibt Schlichter (Splitter) und Streithähne, Underdogs und Prinzessinnen und vor allem eines: Klarheit.

Hier fungierte die Hündin als Schlichter zwischen dem Husky-Mischling und dem Vorstehhund und konnte so eine Auseinandersetzung verhindern.

Dieser Kurzhaar-Collie-Welpe lernt in den ersten Wochen neue Umwelteindrücke erst mal auf dem schützenden Arm seines Menschen kennen.

Wir Menschen entführen einen Welpen von den besten Eltern, die er haben kann: den eigenen. Sollten wir deshalb keine Hundekinder zu uns nehmen?

Doch, das sollten wir. Aber wir sollten uns bewusst sein, dass wir den Welpen die gleiche Klarheit, die gleiche Perspektive wie bei den Eltern bieten sollten. Ein Welpe und Junghund braucht Grenzen und Stabilität, nicht Leckerchen und Dauerparty.

Viele Züchter halten nur Hündinnen, dass heißt, überforderte Hundemütter ohne den wertvollen Hundepapa an ihrer Seite versuchen die Welpen in den ersten Wochen zu erziehen. Gut, wenn sie wenigstens andere Hündinnen an ihrer Seite haben, die sie unterstützen. Doch auch der Züchter kann sich in die Erziehung der Welpen einbringen.

In den ersten vier Lebensmonaten lernen die Hunde, eine Beißhemmung zu entwickeln, und auch die Kommunikation und die körperlichen Fähigkeiten entwickeln sich. Die sozialen und körperlichen Grenzen werden ausgelotet, soziale Systeme werden aufgebaut.

GUTER START INS LEBEN

Damit unsere Hunde den besten Start ins Leben bei uns bekommen, sollten sie mit acht Wochen zu uns ziehen, um bis zum Beginn des Junghund-Alters mit etwa 16 Wochen unsere Welt kennenzulernen.

Bleiben die jungen Hunde zu lange bei ihrer Mutter oder den Eltern, dann fällt ihnen der Start bei uns umso schwerer, da wir niemals so fähige Eltern sein werden wie ein Hundeelternpaar.

Das bedeutet, dass wir unseren Hunden bis zur 16. Lebenswoche erklärt haben sollten, wie sie bei uns leben werden, an wem sie sich orientieren können, wer ihnen welche Grenzen setzt und was alles zu unserem Lebensalltag gehört.

Gäste, andere Tiere, Kinder, den Postboten, einen Bahnhof und Marktplatz, den Restaurantbesuch sollte ein junger Hund kennenlernen. Auf dem Arm seiner Ersatzeltern, auf dem Schoß im Restaurant, im Heck des Autos, auf der Decke unter dem Stuhl des Menschen ist er dabei gut aufgehoben!

Ein junger Hund kann sich ebenso wenig wie ein Kind von Beginn an „sozial" verhalten, sich einfügen und anpassen. Das wird erlernt durch Anschauung, Vorbilder, ethisches Verhalten der Erziehungsberechtigten und Sinngebung in gemeinsamer Beschäftigung.

Wir sollten unsere Hunde Hund sein lassen: sozial sicher und orientiert an einer oder mehreren souveränen menschlichen Bezugspersonen als Ersatz für das Hunderudel.

Ein ernsthaft territorialer Hund?

Erwachsenes Verhalten ist ernsthaftes Verhalten. Die Unbeschwertheit der Jugendlichkeit und Kindheit verfliegt mit dem Älterwerden. Wir übernehmen Verantwortung, wir machen uns Gedanken, wir wägen ab, argumentieren, treffen unsere Entscheidungen – häufig mit dem Kopf, nicht aus dem Bauch heraus.

Böswillig könnte man sagen, wir verlieren unseren Humor, wir brauchen Comedians, um nicht an uns selbst zu verernsten. Es gibt Lachseminare und „Glücklichsein"-Workshops. Neulich las ich an einer Wand: Wenn du glücklich sein willst, sei glücklich. Klingt sehr gut. Warum fällt es uns aber schwer, unbeschwert zu sein? Weil die Verantwortung, die wir tragen, uns zu schwer wird. Weil wir mehr für uns und unsere Liebsten wollen als das, was wir haben, geben und schenken können.

Ernsthafte Hunde wie dieser Hovawart interessieren sich auch mehr für ernsthafte Beschäftigungen.

Ernsthafte Hunde verhalten sich erwachsen: Sie spielen meist nicht mit Stöckchen, sondern suchen sich „ernsthafte" Beschäftigungen wie Jagen, Wachen, Hüten, Schützen. Sie haben einen kompletten Territorialinstinkt, unterscheiden zwischen „mein" und „dein" und erscheinen häufig reduziert in ihrem Verhalten.

Sie finden unser ungeschicktes Verhalten oft albern, man hat das Gefühl, sie verdrehen ihre Augen gen Himmel, wenn wir versuchen, sie zu einem Spielchen zu motivieren, oder sie werden leicht ruppig, um uns in unsere Schranken zu weisen. Oder sie bemitleiden uns, wenn wir mal wieder das Reh übersehen haben. Sie würden Wild nicht nur hetzen, sondern auch töten, verteidigen ihr Revier und ihre Ressourcen sehr ernsthaft und sind skeptisch gegenüber Fremden und Fremdem.

Hofhunde und Bauernhunde

Ein klassisches Erkennungsmerkmal für „Hofhunde" zeigte sich bereits bei uns in der Welpenstunde:

Mit elf Wochen fühlten sich ein Großer, zu der Zeit noch sehr kleiner, Schweizer Sennenhund, aber auch ein junger Hovawart dafür verantwortlich, ihren Wassernapf, den ihre verantwortungsbewussten Halter mitgebracht hatten, vor den anderen Welpen abzuschirmen und zu verteidigen!

Ressourcen wie Futter, Wasser, Decke, Spielzeug und letztendlich auch der Zuneigung schenkende Mensch werden verteidigt, wenn der kleine Hund nicht lernt, dass dies nicht erwünscht ist.

Die beiden kleinen „Napfverteidiger" zeigten zudem wenig Interesse an den anderen anwesenden Menschen, nahmen von sich aus selten Kontakt zu Fremdpersonen auf und dies beruhte definitiv nicht auf Unsicherheit, sondern auf Desinteresse: Fremde Menschen brauche und will ich nicht!

Der Besuch einer Junghundegruppe auf dem Hof einer sechs Monate alten Großen-Schweizer-Sennenhündin bleibt mir besonders in Erinnerung: Obwohl sich alle anwesenden Hunde bereits seit der Welpengruppe kannten, pinkelte die junge Dame in alle vier Wassernäpfe, um ihren Gästen verstehen zu geben: Alles meins!

Unter „Hofhund" oder „Bauernhund" verstehen wir Rassen, die ihre Menschen in ihrem landwirtschaftlich geprägten Umfeld in vielerlei Aufgabenfeldern unterstützten und dies zum Teil auch heute noch tun. Im Folgenden möchte ich den Begriff „Bauernhund" für die Hunde, die auf den Höfen, auf der Alm bei den Weiden oder im Stall leben und arbeiten, verwenden.

Die Bauernhunde hatten die Aufgabe, das wertvolle Vieh im Stall zu bewachen und fremde Personen oder „Auffälligkeiten" zu melden und besonders nachts fernzuhalten.

Viele Bauernhunde wie Pinscher und Schnauzer ernährten sich überwiegend von Ratten und Mäusen, die sie in den Ställen ausreichend vorfanden. Der Wächter sollte nicht übermäßig scharf, aber eindeutig in seiner Warnung sein. Übertrieben agierende Hunde, die zur Gefahr für Menschen werden konnten, wurden nicht geduldet.

Diese Nervenstärke, das Selbstvertrauen, einem Eindringling entgegenzutreten und ihn zu vertreiben oder zu „stellen", ohne zu beißen, und eben dies nur als letztes Mittel zum Schutze des anvertrauten Viehs oder Besitzes einzusetzen, verlangt eine gute Prägung auf das Lebensumfeld und die dort gestellten Anforderungen:

Der Hund muss die gewohnten Abläufe, die Arbeit mit dem Vieh, die dem Hof zuzuordnenden Personen und dazugehörigen Flächen sehr gut kennenlernen, um selbst entscheiden zu können, ob jemand erwünschter Gast oder unerwünschter Eindringling ist.

Der Berner Sennenhund gehört zu den typischen Hofhunden.

Daraus ergibt sich, dass unsere heutigen Bauernhunderassen ihr direktes Lebensumfeld, Haus, Garten, Straße, Parkplatz usw. sehr schnell als „ihre Aufgabe“ wahrnehmen und sich leicht unsicher fühlen, sobald sie in fremder Umgebung aktiv werden sollen.

Wir als Hundehalter müssen dementsprechend dafür sorgen, dass unsere „Hofhunde“ flexibel und anpassungsfähig werden und zudem nicht selbst die Entscheidung „meins-deins“, „Gast-Eindringling“ treffen, sondern diese Verantwortung an uns abgeben.

Jede Landschaft hat ihre eigenen Anforderungen an den Bauernhund: Sie müssen robust, dem Wetter und der Umgebung angepasst, genügsam und selbstständig sein. Hofhunde aus der Schweiz, wie zum Beispiel die Sennenhunde, oder der Österreichische Pinscher haben anderes Fell als die Hofhunde aus südlicheren Gefilden.

Die Hofhunde Südeuropas, wie zum Beispiel die doggenartigen Hunde der Kanaren und Azoren, sind ursprünglich Jagdhunde gewesen, die schon in der Antike zur Jagd auf Wildschweine (Saupacker) und anderes wehrhaftes Wild eingesetzt wurden. Auf den Reisen zur Eroberung und der Besiedelung des amerikanischen Kontinents nahmen die Eroberer ihre großen wehrhaften Hunde, die sie vor der einheimischen Bevölkerung Südamerikas schützen und ihre Herren bei der Jagd unterstützen sollten, mit. Das erklärt, warum viele der südeuropäischen Hofhunde viel jagdlicher veranlagt sind als die nördlicher ansässigen Bauernhunde.

Die letzten Stationen vor der Überfahrt des Atlantiks waren die Kanaren und Azoren und einige zurückgelassene Hunde bildeten den Stamm der dort bis heute ansässigen starken Bauernhunde, die ihre Wurzeln in den Kriegs- und Jagdhunden der Antike haben. Auf den wildarmen Inseln wurden sie zu Bauernhunden.

Südeuropäische Bauernhunde mit „antiker" Vergangenheit sind zum Beispiel der Cane Corso Italiano, der Mastino Neapolitano, der Cão de São Miguel, der Alano und die mallorquinische und die kanarische Dogge.

Ob Sennenhunde aus der Schweiz, Hovawart und Schnauzer aus Deutschland oder große Pinscher aus Österreich: Sie eint ihre ursprüngliche Aufgabe – das Bewachen des Hofes mit seinem wertvollen Vieh- und Sachbestand, die Mitarbeit als Karrenhund (bei entsprechender körperlicher Größe und Kraft, zum Beispiel Riesenschnauzer) oder die Treibarbeit am Vieh im Bereich der Stallungen oder bei Almauftrieb und das Kurzhalten des Bestands von Ratten und Mäusen.

Sie zeichnen sich durch einen sehr komplex entwickelten Territorialinstinkt, eine sehr große Skepsis gegenüber Fremden, Genügsamkeit und ursprüngliche Robustheit aus.

Ein Sennenhund soll das Entwenden des Viehs ebenso verhindern, wie er, auch heute noch, den Senner beim Almauftrieb des Viehs unterstützt. Sowohl der kleinste Sennenhund (Entlebucher, wird auch als wendiger Treibhund eingesetzt) als auch der mittelgroße Appenzeller, der Berner (langhaarig) oder der Große Schweizer (stockhaarig) sind seit Jahrhunderten Arbeitshunde, die ihre Aufgabe sehr ernst nehmen und deren Einsatz von ihren Besitzern gefordert und gebraucht wurde. Ein arbeitsscheuer Hund wurde getötet und nicht durchgefüttert. Auch wenn uns Hundeliebhabern dies barbarisch vorkommen mag: Einen großen, schweren Hund aus Freundlichkeit „durchzufüttern" ist bis heute in vielen Kulturen und Lebensumfeldern nicht möglich oder wird moralisch nicht akzeptiert.

Fremde Personen waren diesen Hunden ebenso suspekt wie fremde Hunde und Veränderungen jeder Art, die den Schluss zuließen, dass etwas nicht seinen geregelten Gang gehen könnte. Warum sollte dies heute in einem veränderten Lebensumfeld anders sein? Nur weil wir anders leben, verändert sich ja nicht die Veranlagung unserer Hunde.

Obwohl der Riesenschnauzer zu den typischen Gebrauchshunden zählt, ist er doch noch der klassische Bauernhund.

Unsere Lebensverhältnisse haben sich rasend schnell verändert. Die Verstädterung des Lebensraumes erfolgte ebenso schnell wie die Internationalisierung der Hunderassen. Heute kann theoretisch fast jeder einen Hund seiner Wahl kaufen. Es gibt keine Exoten, die es nicht gibt.

Die Hunde haben sich jedoch nicht in demselben Tempo verändert! Der Hovawart ist eine Rückzüchtung zum „Hofwart“, den man von alten Gemälden aus der Renaissance schon kennt. Im Hovawart stecken auch der Leonberger (ein gemäßigter Herdenschutzhund aus Deutschland), Schäferhunde und andere Rassen.

Das Ergebnis ist ein lebhafter, territorialer, ressourcenorientierter Hund, den viele wegen seiner Gesundheit und Robustheit schätzen. Einige Halter „nutzen“ den Hovawart als „Sportgerät“ im Schutzdienst, wobei der Hund desensibilisiert und besonders die Rüden „hart und triebig“ gemacht werden.

Im Riesenschnauzer finden wir immer noch den klassischen Bauernhund. Es war der (Mittel-)Schnauzer, der sich von Ratten und Mäusen auf den Höfen ernährte, was den Riesenschnauzer zu einem territorialen Solitärjäger (Einzeljäger) macht, denn Ratten und Mäuse jagt man allein und teilt sie nicht. Der Riesenschnauzer wurde dann unter anderem durch die Einkreuzung von Doggen zum „Riesen“.

Der Schnauzer ist ein langhaariger Pinscher, früher fielen in einem Wurf sowohl stockhaarige Schnauzer als auch kurzhaarige Pinscher. Der kurzhaarige Pinscher gehört inzwischen zu den sehr seltenen Rassen. Dies gilt ebenso für den „Hofhund-Klassiker“: den Großspitz.

Wenn wir davon ausgehen, dass sich die „Hundwerdung“ in Vorderasien vollzog, ist anzunehmen, dass sich auf der einen Seite die Spitztypen und schweren doggenartigen Hunde entwickelt haben und andererseits die leichten Jagdhundetypen, die wir im Pharaonenhund und dem Cirneco dell'Etna finden. Einige der ursprünglichen Rassen konnten bereits vor Tausenden von Jahren nachgewiesen werden.

Sehr früh erkannten die Menschen die Vorteile der Auslese bei der Vermehrung ihrer Hunde und selektierten auf körperliche Merkmale wie Stärke (Tibet-Dogge, seit 5000 Jahren „bekannt"; Kriegs-, Kampf- und Großwildjagdhunde wie der Cane Corso Italiano, von dem Abbilder auf etruskischen und antiken griechischen Sarkophagen zu finden sind), Schnelligkeit und jagdliche Gewandtheit (Pharaonenhund, Cirneco dell'Etna) oder Territorialität (Spitz).

Die Spitztypen sind optisch, abgesehen von der Felllänge, den Hochland-Dingos sehr ähnlich: Die markante dreieckige Kopfform, die Ringelrute und die „steile Hinterhand" finden sich sowohl beim Akita, Shiba, Hochland-Dingo, Wolf- und Großspitz, Basenji und ähnlich auch beim Chow-Chow oder, im Gesicht überlagert durch züchterisch gewollte Fettmengen, beim Shar Pei.

Die Spitztypen lassen sich unterscheiden zwischen den jagdlichen Spitztypen, zu denen der Shar Pei, die Laika-Rassen aus der ehemaligen Sowjetunion, letztendlich auch der Siberian Husky, viele Lapphunde (Finnland), Elchhunde (Norwegen) und japanische Spitze (Hokkaido, Kai usw.) gehören (sie wurden

Der Cirneco dell'Etna ist eine sehr alte Jagdhunderasse, die vermutlich dieselben Vorfahren wie der Pharaonenhund hat.

immer auch zur Jagd eingesetzt – weitere Ausführungen unter „Territoriale Jagdhunde“), und den Bauernhund-Spitzen, die einen weniger stark ausgeprägten Jagdinstinkt, dafür aber umso mehr Territorialinstinkt haben, wie der Großspitz oder Wolfsspitz, von dem behauptet wird, dass er „hoftreu“ und nicht wildernd veranlagt ist.

Der Akita, der größte aller Spitze, gehört ebenfalls eher zu den Bauernhunden, hat eine extrem ausgeprägte territoriale Veranlagung und versteht keinen Spaß, wenn er sich belästigt fühlt. Der japanische Akita gehört zu den Urhundtypen und es erscheint anhand von DNA-Analysen nachgewiesen zu sein, dass diese ursprüngliche Rasse Anteile des chinesischen Wolfes enthält. Dies gilt auch für Shar Pei, Dingo und Chow-Chow.

Bauernhunde neigen zu selbstständigem Handeln, tun nur, was sie für sinnvoll halten, und nehmen Fehler übel. Wer zu oft unbedarft Fremde ins Haus lässt, ohne seinem Hund zu zeigen, dass er diese Menschen eingeladen und „im Griff“ hat, wird einen unfreundlichen Hund erleben, der selbst die Gäste „checkt“ und dafür sorgt, dass keiner, ohne zu fragen, an den Kühlschrank geht.

Ich habe immer wieder Kunden mit Bauernhunden in der Beratung, die Angst davor haben, Besuch zu bekommen, da ihr Hund lautstark Protest anmeldet, die Gäste blockiert, anspringt oder Schlimmeres.

Warum sollten diese Hunde, die in ihrer Veranlagung so seit Jahrtausenden bei den Menschen gelebt haben, in wenigen Jahrzehnten ihr Verhalten ändern? Wie können wir erwarten, dass sie uns einfach so vertrauen, wenn sie das Gefühl haben müssen, dass wir ihre Besorgnis nicht ernst nehmen, dass wir nicht erwachsen genug sind, auf Haus und Hof aufzupassen?

Einige Vertreter der skeptischen Hunde haben allerdings verstanden, dass fremde Menschen relativ harmlos sind, solange sie nicht den Kühlschrank leeren. Fremde Hunde im Haus sind jedoch für viele Hunde eine wahre Bedrohung und werden kompromisslos entfernt!

Hunde nehmen Hunde ernst und sammeln leider in den ersten Monaten ihres Lebens häufig die Erfahrung, dass wir weder sie selbst noch das Verhalten von fremden Hunden verstehen und unser Handeln danach ausrichten: Unsere Hunde müssen es richten!

Herdenschutzhunde

Zu Beginn des Jahres besuchten wir ein Ehepaar in ihrem Haus jenseits der Elbe. Ich kannte weder die Gastgeber noch sollte es um das Thema „Hund“ gehen.

Die Dame des Hauses begrüßte uns vor der Haustür, an der Pforte des Vorgartens, mit zwei Hunden: einer Kaukasischen-Owtscharka-Dame und einem Hovawart. Der Hovawart war unsicher, etwas hektisch, die Owtscharka-Dame war der Fels in der Brandung. Unaufgeregt, selbstbewusst und ziemlich gelassen nahm sie uns Gäste zur Kenntnis in dem Wissen, dass wir nur Menschen, also aller Wahrscheinlichkeit nach harmlos sind.

Unsere Gastgeberin versicherte uns, dass wir uns definitiv keine Sorgen wegen der Hunde machen müssten und wir folgten, ohne Kontakt mit den Hunden aufgenommen zu haben, ins Haus.

Der Hovawart lag nach einiger Zeit relativ angespannt in der Ecke des Raumes, die kaukasische Dame lag im Raum mittig auf der Seite und liftete ab und zu ein Augenlid, blickte in unsere Richtung und gab uns zu verstehen, dass wir unter Kontrolle stehen. Sie hatte recht.

Herdenschutzhunde sollen die Herden schützen – vor Dieben, vor Wölfen, vor Bären.

Besonders nachts, wenn der Hirte schläft und die Diebe und Wölfe jagen, ist der Herdenschutzhund gefragt. Wachsam, verteidigungsbereit, mit Übersicht und Entschlossenheit tritt der Hund für die ihm anvertraute Herde ein.

Bei diesen Rassen findet man sehr häufig Hunde mit kupierten Ohren, was damit begründet wird, dass Wölfe im Kampf nicht daran ziehen können. Außerdem tragen viele Herdenschutzhunde massive, mit Stacheln bewehrte Halsbänder von etlichen Kilogramm Gewicht, die verhindern sollen, dass sie in den Hals gebissen werden.

Der Kaukasische Owtscharka ist eine sehr alte aus Russland stammende Herdenschutzhundrasse.

Der Hirte geht nicht davon aus, seinen Hund im Kampf gegen Diebe oder Angreifer unterstützen zu können oder zu müssen. Leider verursachen die kupierten Ohren Schmerzen und das Halsband macht es unmöglich, den Kopf im Liegen abzulegen, sodass der Schützer der Herde nur ruhen, aber nicht tief schlafen kann. So „verschläft" er keinen Angriff.

HIRTENHUND ODER HERDENSCHUTZHUND?

Es ist eine Diskussion über die Namensgebung dieser Hundegruppe entbrannt, da viele Züchter die Bezeichnung „Herdenschutzhund" ablehnen, da dieser Titel den Hund als unangemessen gefährlich klassifiziert. Die Bezeichnung „Hirtenhund" wird von ihnen favorisiert, da sie die Herdenschutzhunde in die Nähe der Hütehunde rückt und somit „handlicher" erscheinen lässt.

Ich habe in Marokko Ziegenhirten gesehen, die ihren Hunden, die nachts die Herde bewachten, morgens etwas zu essen brachten. Der Fremdenführer, der die Fahrt in den hohen Atlas begleitete, erklärte, dass er dies tue, um seine Tiere wieder übernehmen zu können: Der Hund kennt ihn zwar, sonst dürfte er sich nicht nähern, aber er hätte so etwas wie eine Vereinbarung mit ihm, damit der Aïdi „seine" Tiere übergibt.

Herdenschutzhunde, die in ihrem Heimatland noch ihrer ursprünglichen Aufgabe nachgehen, sind sehr ernsthaft, sehr territorial, sehr skeptisch, sehr misstrauisch gegenüber allem Fremden, anderen Hunden gegenüber intolerant und relativ unflexibel.

Sowohl die türkischen Herdenschützer Kangal, Akbas oder Kars-Hund als auch rumänische (Carpatin, Mioritic), russische (Owtscharka), ungarische (Kuvasz und Komondor), bulgarische (Karakachan) und Herdenschutzhunde des Ostens kommen ursprünglich aus den asiatischen Steppen und von deren Hirtenvölkern und verbreiteten sich in Jahrtausenden mit der Ausbreitung der Herdenhaltung von Grasfressern (Schafen, Ziegen, Kühen, Pferden). Sie alle gehen wahrscheinlich auf die Tibet-Dogge (Do Khyi) zurück, die seit mindestens 5000 Jahren bekannt ist.

Auch in den Balkanstaaten gibt es viele Hunde, die immer noch die Herden schützen. Die lokalen Schläge sind noch nicht alle als Rassen anerkannt, aber eines ist den Hunden gemein: Sie alle tragen ihre jahrtausendealte Veranlagung in sich, die wir als Menschen, die wir diese Hunde beeindruckend und schön finden, nicht in wenigen Jahrzehnten „herauszüchten" können.

Der Landseer apportiert mit großem Spaß.

Die Weidehaltung im mittleren Europa, besonders in Großbritannien, die zeitweilige Ausrottung von Wölfen in Mitteleuropa und viel später die Erfindung des Stacheldrahtes und der Stromzäune hat eine Aufgabenverlagerung der hiesigen Herdenschutzhunde verursacht:

Der Landseer wurde von baskischen und portugiesischen Fischern zum Schutz ihrer Schiffe mitgenommen und begleitete so Auswanderer nach Neuseeland. In der Folge wurde aus dem ehemaligen Herdenschutzhund, ebenso wie aus dem Neufundländer, der ebenfalls ein Auswanderungsbegleiter ist, ein Fischergehilfe, der alles aus dem Wasser apportiert und zieht, was man zulässt.

In Portugal findet sich der Cao da Serra da Estrela, der immer noch die Herden vor Wölfen schützt. Die gleiche Arbeit verrichten der Pyrenäen-Berghund, der Mastín de los Pireneos oder der Mastín Español.

Mit der Wiederverbreitung der Wölfe wächst erneut das Interesse von Hirten und Schäfern an Herdenschutzhunden. In den Balkanländern, aber auch in Italien, Griechenland und anderen Ländern werden die alten Hunderassen wieder entdeckt.

Herdenschutzhunde zeichnet eine große Robustheit, starke Gesundheit und Genügsamkeit aus: Das dichte, lange Fell schützt vor Wärme und Kälte ebenso wie Verletzungen. Der Nahrungsbedarf der Hunde entspricht ihrer Aktivität: Sie tun nur so viel wie unbedingt nötig, beobachten die Herde und die Umgebung gern von erhöhter Position aus und bewegen sich dabei so wenig wie möglich.

Sie ernähren sich bei der Arbeit oft von Mäusen und anderen kleinen Nagetieren und kommen problemlos auch mal einen Tag ohne Futter aus. Einem Herdenschutzhund ist es nicht wichtig, etwas zu fressen, sondern zu wissen, dass die fressbare Beute unversehrt vor ihm steht. Die gefüllte Futtertruhe steht fressenderweise vor ihm auf der Weide und der Hund wird alles dafür tun, damit es so bleibt!

Diese Hunde wissen genau, wie viele Schafe ihre Herde zählt, wer in dieser Herde was zu sagen hat und welche Tiere dazu neigen, sich zu weit zu entfernen. Sie beobachten genau und machen sich ein Bild. Sie agieren dann, ohne zu zögern, und meinen es ernst.

Herdenschutzhunde haben ein ausgezeichnetes Gehör und registrieren jede Bewegung. Ihre Sinne sind, besonders nachts, darauf ausgerichtet zu analysieren, was sie hören und sehen, um die richtige Entscheidung über „gut" oder „böse" treffen zu können.

Der Pyrenäen-Berghund hat seinen Schutztrieb bis heute behalten.

Zwei Hunde einer Familie können zusammen an einer Herde leben, ohne dass sie regelmäßig Kontakt zueinander suchen: Du bleibst auf deinem Hügel, ich auf meinem!

Der Jagdinstinkt ist nur gering ausgeprägt. Die Jagd dient ausschließlich dazu, sich körperlich am Leben zu erhalten. Auch der Sozialinstinkt ist nur relativ gering ausgeprägt. Diese Hunde haben ein sehr feines Gespür für Hierarchie, für sicheres Auftreten und für Schwächen. Ihren Respekt muss man sich verdienen, ihrer Familie sind sie treu und duldsam gegenüber, solange man sie nicht in „ihrem" Job behindert.

Das Kind der Familie wird sicherlich liebevoll ignoriert, freche Spielkameraden könnten jedoch mit einer Zurechtweisung durch den Hund rechnen, wenn diese sich aus seiner Sicht heraus falsch und respektlos benehmen. Und für einen Herdenschutzhund kann schon eine Annäherung mit Streichelabsicht unter Umständen eine Respektlosigkeit sein!

Auch der Sexualinstinkt ist bei diesen zu Eigenbrötlerei neigenden Hunden relativ gering ausgeprägt: Sexualität findet normalerweise mit dem vertrauten Hundepartner statt, auf wilde Freiersfüße gehen diese Hunde selten.

Jagd, Sexualität und soziales Zusammenleben finden bei diesen Hunden nur unter einer Voraussetzung statt: Der Hund besetzt für sich ein sicheres Territorium. Ungestört von fremden Hunden und anderen Eindringlingen lassen sich dann Welpen großziehen, soziale Nähe beim Kontaktliegen, wenn es nicht zu warm ist, genießen und man kann den Blick über die eigenen Ländereien schweifen lassen ...

Für uns Menschen stellt diese Veranlagung eine große Herausforderung dar: Ein Hund, der selbstständig auf seinen Besitz aufpasst, der nicht die Motivation hat, etwas an der Situation zu verändern, dessen großes Ziel es ist, die Schafherde zu hegen und zu pflegen, mit wenig Aufwand für den ewig gleichen Fluss im Schicksalslauf zu sorgen, hat wenig Grund, sich von uns erziehen oder motivieren zu lassen.

Man sieht kaum Menschen, die mit ihren Herdenschutzhunden in der Stadt leben und auf Hundewiesen unterwegs sind, damit ihr Hund mit anderen spielen kann. Das ist kein Zufall, sondern gut so und der Veranlagung der Hunde geschuldet.

Selbstverständlich ist es möglich, diese Hunde mit einer extrem guten und vorsichtigen, wohl dosierten Prägung auf Umweltreize, einer Sensibilisierung für Kommunikation und Zusammenarbeit und einem sehr guten Verständnis für hündische Kommunikation, einem ausgeglichenen, souveränen Auftreten, in unser Leben zu integrieren! Aber man sollte sich überlegen, ob man dies wirklich leisten will und kann.

Wenn ich bereit bin, diesen Hunden einen ansprechenden Lebensraum, eine geeignete Aufgabe und genug Begrenzung (im häuslichen Rahmen) angedeihen zu lassen, sodass ich weiter ungestört Besuch bekommen kann, dann würde ich zumindest empfehlen, mich mit einer der westlichen Rassen auseinanderzusetzen, die sicher etwas leichter zu führen sind als die „Originale“ aus dem Osten Europas und Asiens.

Es ist eine Herausforderung der besonderen Art, diesen beeindruckenden Hunden zu widerstehen und ihnen die sorgfältige Erziehung angedeihen zu lassen, die sie brauchen!

Die hündische Kommunikation und der Umgang mit diesen Hunden und ihrer Veranlagung wird in späteren Kapiteln erklärt.

Territoriale Jagdhunde

Vor wenigen Tagen führte ich ein Erstgespräch mit zwei miteinander befreundeten Frauen, die ihre beiden jungen Hunde, eine Weimaraner-Hündin mit acht und eine Labrador-Retriever-Hündin mit siebeneinhalb Monaten mitbrachten.

Sie hatten mit beiden Hündinnen gemeinsam die Welpenschule besucht und anschließend eine Trainerin gebucht, die sie in der Ausbildung ihrer Hunde regelmäßig unterstützte.

Die kleine Labi-Hündin war aufgeregt, sehr aktiv, wollte alles, inklusive mich, kennenlernen und war nur schwer zu beruhigen.

Die Weimaranerin nahm keinen Kontakt zu mir auf, beäugte mich skeptisch und sorgte immer wieder gekonnt dafür, dass ihre Hundefreundin sich ganz auf sie konzentrierte, indem sie diese immer, sobald sie zur Ruhe kam, durch Blicke oder Aufstehen auf sich fokussierte.

Ihre Skepsis mir gegenüber und das Verantwortungsbewusstsein den anderen gegenüber veranlasste sie dazu zu verhindern, dass mir zu viel gefährliche Aufmerksamkeit zuteil wurde und die Situation sich unkontrolliert entwickeln konnte.

Weimaraner sind stark territorial veranlagt, also ernsthafte, sehr skeptische Hunde, die nicht nur für die Jagd, sondern auch zum Schutz der Jäger gezüchtet wurden. Besonders in Kriegszeiten, in denen die Bevölkerung durch Wildern versuchte, an wertvolles Fleisch zu gelangen, sahen sich die Förster und Reviervorsteher gezwungen, nicht nur Hunde zur Jagd mit ins Revier zu nehmen, sondern auch die Begleitung ernsthafter Hunde wie Weimaraner, Großer Münsterländer oder Deutsch Drahthaar zum Schutz der eigenen Person in Anspruch zu nehmen.

Der Weimaraner gehört zu den stark territorial veranlagten Jagdhunden.

Die ersten Jagdhunde, welche die Menschen bereits in der Antike begleiteten, lebten mit ihren Menschen in einem eigenen Jagd-Revier. Die frühen Ansiedlungen waren von genügend Land umgeben, das die Jäger auf der Suche nach Beute durchstreiften. Es war selbstverständlich, dass die Hunde eben dieses Jagdgebiet als ihres erkannten und verteidigten. Sehr alte, wehrhafte Jagdhundetypen waren die Doggen oder Saupacker. Man geht davon aus, dass die Tibet-Dogge der Vorfahr der unterschiedlichen Doggen-Typen ist.

Bis heute haben sich Typen wie der Mastino Neapolitano und der Cane Corso erhalten. Der Mastino ist nur noch eine traurige Karikatur des wehrhaften Kriegs-, Jagd- und Kampfhundes, der er einst war. Der Fila Brasileiro hat mit der Eroberung Südamerikas den europäischen Kontinent verlassen und schützte die Besetzer des neuen Landes vor den Einheimischen. In Europa wurde aus den schweren Doggen-Typen, die ihre Halter auch bei der Wolfs-, Bären- und Wildschweinjagd begleiteten, im Laufe der Jahrhunderte Hofhunde und leider auch Ausstellungsobjekte, die durch züchterische Übertreibungen keinesfalls mehr jagdlich einzusetzen wären.

Die uns heute bekannte Deutsche Dogge wurde wahrscheinlich mit den Kelten auf die britischen Inseln gebracht und aus dem schwereren kontinentalen Typ wurde durch Einkreuzung Irischer Wolfshunde ungefähr im 17. Jahrhundert die hochbeinige Dogge. Durch ihre übermäßige Größe und häufig auftretende Herzkrankheiten werden diese beeindruckenden Hunde leider selten alt. 83 Prozent erreichen das zehnte Lebensjahr nicht.

Sie gelten als sensible Riesen, aber wenn sie aufgeregt oder gestresst sind, dann werden sie hart und unempfindlich gegenüber Einflussnahme oder Korrektur: Keine Angst vor wilden Tieren!

Die Deutsche Dogge wurde ursprünglich zur Hirsch- und Wildschweinjagd eingesetzt.

Eine Dogge, egal ob nördlicher oder südeuropäischer Herkunft, ist ein ernsthafter, territorialer, durchsetzungsstarker Hund, wobei die Deutsche Dogge durch züchterischen Einfluss zu den „leichtführigeren" Hunden gehört.

In Deutschland ist man um eine Rückzüchtung der Dogge zum Saupacker bemüht, um einen schweren, aber beweglichen Hund in Anlehnung an die ursprüngliche Aufgabe wieder entstehen zu lassen. Stärkere Robustheit, weniger übertriebene Merkmale und geringere Größe sowie eine verbesserte nervliche Stärke sind das Ziel dieser Zuchtbemühungen.

Es stellt sich nur die Frage, ob es für diesen ursprünglichen, nicht leicht zu führenden Hund auch den geeigneten Halter gibt: Menschen, die sich mit einer Dogge umgeben möchten, sollten nicht nur über Gelassenheit und Souveränität verfügen, sondern auch über ein tieferes Verständnis des Wesens dieser Hunde.

Sie sollten sich in der Kommunikation ihres Hundes so gut auskennen, dass sie die Anzeichen für Stress und Überforderung oder Reizüberflutung rechtzeitig erkennen, um diesen schweren Hunden ein notwendiges Eingreifen mit Meideverhalten auslösenden Erziehungsmitteln (Wurfschellen, Sprühhalsband, Erziehungsgeschirr, Stromhalsband) aufgrund ihrer körperlichen „Unregierbarkeit" zu ersparen.

Auch der Broholmer und der Dogo Argentino sind sogenannte „Saupacker" oder „Sauhunde", deren Stärke, aber auch Gewandtheit zur Wildschweinjagd eingesetzt wurde.

Die Vielfältigkeit unserer heutiger Jagdhundrassen, die sich durch eine große Spezialisierung im jagdlichen Aufgabenfeld bedingt, ist erst in jüngerer Zeit entstanden. Besonders in England hielt (und hält) der Adel verschiedenste Hunderassen für eine spezielle Aufgabe: den Beagle oder Foxhound für die Hetzjagd zu Pferd, den Pointer oder Setter für Vorsteharbeit (Wild durch Stehen- oder Sitzenbleiben stumm anzeigen), den Spaniel zum Stöbern, den Retriever zum Apportieren (retrieve = zurückbringen) usw.

Diese spezialisierten Hunderassen haben nur noch einen gering entwickelten Territorialinstinkt und zeigen nicht mehr das ganze komplexe Jagdverhalten, wie man es bei ernsthaften Hunden findet: das Aufspüren, Verfolgen, Stellen und Töten der Beute im eigenen Jagdrevier in Zusammenarbeit mit den anderen Mitgliedern der sozialen Gruppe.

Der Rhodesian Ridgeback gehört ebenfalls in die Kategorie der ernsthaften, territorial veranlagten Jagdhunde. In ihrer ursprünglichen Heimat im südlichen Afrika bewachen diese Hunde zum einen die riesigen Farmen der weißen Farmer und begleiten sie zudem auf Großwildjagd.

In seiner Heimat wird der Rhodesian Ridgeback immer noch vorwiegend als Jagdhund gehalten.

Eine Kollegin berichtete von ihren Besuchen in Afrika, dass sich dort kaum einer vorstellen kann, Rhodesian Ridgebacks als „pets“, also reine Haushunde zu halten!

Meine beiden entzückenden Vierbeiner dieser Rasse fanden es nicht nur großartig, selbstmörderischen Rehen hinterherzurennen, die sie glücklicherweise niemals erreichten, sondern sie waren auch der festen Überzeugung, dass dieses Privileg nur ihnen zustünde und jeder andere Hund in „ihrem“ Jagdrevier absolut gar nichts zu suchen hatte!

Diese Zeiten sind nun schon viele Jahre vorbei, aber ich weiß, was es bedeutet, wenn ein Hund nicht nur jagdlich ambitioniert ist, sondern dabei auch noch territorial veranlagt ist: Die Jagd im eigenen Revier, ohne Eindringlinge und Störung jeder Art von außen, entspricht der Veranlagung dieser Hunde, die sich über Jahrtausende bis heute erhalten hat und in vielen sehr ursprünglichen Hunden zu finden ist.

Die territorialen Jagdhunde verfügen über ausgesprochen gute Sinnesleistungen: Sie scannen optisch den Horizont, immer auf der Suche nach Wild, haben eine sehr gute Nase, um jeder Spur zu folgen, und hören jedes Knacken oder Schleichen – sowohl auf der Jagd als auch nachts im Haus.

Sie sind ständig bereit, sich für ihnen wichtig erscheinende Dinge zu engagieren, unterscheiden aber, wie die anderen ernsten Hunde auch, zwischen sinnhaft und sinnlos.

Laikas sind bei uns nur selten anzutreffen. Sie gelten auch als sehr territorial.

Ebenfalls territoriale Jagdhunde sind die nordischen Jagdhunde wie Laika, Husky oder Malamute, die auch optisch noch stark an die halbdomestizierten alten Hunderassen erinnern: Der dreieckige Kopf, die Rutenform, die starken Hinterläufe, das kräftige Gebiss und die Entschlossenheit und Durchsetzungsstärke bei der Jagd sind sehr ursprünglich, sehr original.

In einer unserer Welpengruppen haben wir eine junge Husky-Hündin betreut, die extrem ressourcenorientiert handelte. Sie verteidigte gegenüber allen anderen Hunden ernsthaft Bälle, Stöckchen, Futter, Liegepositionen und bemächtigte sich mittels ihrer Schnelligkeit und Gewandtheit auch der Spielsachen, die andere Welpen zur Kommunikation mit anderen nutzten.

Das Spiel mit den anderen Welpen musste von uns konsequent moderiert werden und es war eindeutig zu erkennen, dass das Zusammenleben mit einem einzelnen, älteren (1,5 Jahre alten) Husky-Rüden so viel sozialen Stress für sie bedeutete, dass sie unbedingt versuchte, sich mit Gewalt gegen die anderen Welpen durchzusetzen.

Das Bedürfnis nach Sicherheit, auch in Bezug auf Nahrungsressourcen, kann bei einem Hund, fühlt er sich in dieser Sicherheit dauerhaft bedroht, zu Verhaltensauffälligkeiten und Aggression gegen die Sozialpartner führen!

Nordische Schlittenhunde zählen auch zu den territorialen Jagdhunden.

Der Deutsch Drahthaar gilt als raubzeugscharf und ist ein passionierter Jagdhund.

Einige der komplett veranlagten Jäger neigen zu Übertreibungen und entwickeln zum Beispiel eine Schusshitze, das bedeutet, dass sie mit dem Geräusch eines Gewehrschusses eine Erwartungshaltung verbinden, die durch Unruhe bis hin zur Hysterie bei dem Hund in Erscheinung tritt. Betroffene Hunde jaulen, fiepen, kreischen, geraten fast in Raserei bei einem Schussgeräusch.

Die Schusshitze findet sich zum Beispiel häufig beim Deutsch Drahthaar, einem sehr passionierten Jagdhund, der dazu neigt, im „Affekt" zu jagen. Im Deutsch Drahthaar vereinigen sich die alten Draht- und Stichelhaarrassen, die von einigen Züchtern bewusst zusammengeführt wurden, damit die Stärke der einzelnen Schläge nicht in der Reinzucht der einzelnen Rassen verschwindet, sondern komplett in einer Rasse bestehen bleibt.

Im Jägerjargon wird dieser Hund als „raubzeugscharf" und „mannscharf" beschrieben, was so viel heißt wie: Er meint es sehr ernst! Dennoch ist die territoriale Veranlagung weniger ernsthaft als bei den Doggen-Typen. Diese Hunde sind stärker anfällig für die Sucht nach dem Adrenalin-Kick. Einen Deutsch Drahthaar könnte man mit ausdauerndem Spiel und zu wenig Ruhephasen leichter zu einem hysterischen Hund machen als andere territoriale Jagdhunde.

Die Rasse Deutsch Kurzhaar ist weniger stark veranlagt und wurde einst aus italienischen Bracken und englischen Pointern gezogen. Sie sind weniger territorial und ernsthaft und werden hier nur als „Gegenbeispiel" erwähnt.

Insgesamt sind die territorial veranlagten Jagdhunde erwachsener und kopfgesteuerter als die weniger territorial veranlagten. Wenn sie die Möglichkeit haben, Wild zu jagen, oder sich in ihrem Territorium bedroht fühlen, handeln sie entschlossen und bis zum Ende. Das Wild ist tot, der Einbrecher gestellt, vertrieben oder selbst Schuld (Gegenwehr ist absolut zwecklos)!

Als Halter dieser Hunde stellt sich uns also nicht nur die Aufgabe, den Jagdinstinkt der Hunde adäquat zu moderieren, sondern ihnen darüber hinaus auch zu erklären, dass wir kein eigenes Territorium besitzen, benötigen oder verteidigen wollen, andere Zwei- und Vierbeiner also keinen Passierschein benötigen, um sich im selben Park wie wir aufzuhalten. Zu Hause freuen wir uns über Besuch und bitten Gäste herein, ohne dass unser Hund entscheidet, ob dies wirklich angemessen ist!

Trotz bester Erziehung, guter Prägung und Sozialisierung werden wir es wahrscheinlich dennoch nicht erreichen, dass unser ernsthafter Jagdhund lebenslang mit fremden Hunden spielt oder Interesse an ihnen zeigt. Das entspricht erwachsenem Verhalten und ist nicht asozial, sondern eine natürliche Entwicklung!

Auch wenn zum Beispiel Dalmatiner und Rhodesian Ridgebacks einen ähnlichen Körperbau haben, unterscheiden sie sich in ihrem Verhalten grundlegend: Auch Dalmatiner sind territorial veranlagt, schlafen gern trocken und sicher, sind aber viel infantiler in ihrem Verhalten und spielen häufig lebenslang miteinander.

Treibhunde

Vor einigen Jahren traf ich eine Bekannte, die sich einen tauben Australian-Cattle-Dog-Welpen ausgesucht hatte. Sie ist Hundetrainerin und hatte bis dahin einen unkastrierten Hovawart-Berner-Sennenhund-Mischlingsrüden, mit dem sie gut zurechtkam.

Darüber befragt, warum sie sich ausgerechnet einen tauben Cattle Dog ausgesucht habe, antwortete sie schelmisch, sie suche eine Herausforderung.

Ich bezog meine damalige Frage zwar eher auf die Taubheit denn auf die Rassewahl, habe aber die Erfahrung gemacht, dass man sehr selten „unkomplizierte“ Cattle Dogs erlebt.

Treibhunde, zu denen der Australian Cattle Dog, der Rottweiler, der Bouvier des Flandres, der Welsh Corgi und andere robuste Hunderassen gehören, begleiteten die Menschen auf langen Viehtrieben. Auch die kleineren Sennenhunde (Appenzeller und Entlebucher Sennenhund) werden zu den Treibhunden gezählt. Sie stellen die Brücke zwischen Bauern- und Treibhund dar.

Mit dem zunehmenden Handel im Mittelalter sowie der notwendig werdenden Versorgung der größer werdenden Städte und Gemeinden mit landwirtschaftlichen Gütern wie Wolle, Fleisch und Getreide begannen die Menschen, aus den bereits vorhandenen Herdenschutzhunden und Jagdhunden leichtere und wendigere Hunde für die Begleitung der Viehtriebe zu züchten. Der Treibhund entstand.

Im Vergleich zum Herdenschutzhund sind die Hunde weniger „standorttreu", dennoch territorial veranlagt und ressourcenorientiert (mein Futter, mein Liegeplatz, mein Knochen). Sie sind körperlich robust genug, um auch lange Strecken und widrige Witterungen zu überstehen. Der schwere Herdenschutzhund besitzt weder die Wendigkeit noch die Ausdauer, die es braucht, um große Herden über lange Strecken zu treiben.

Beim Australian Cattle Dog erkennt man noch die ursprüngliche Kopfform, die sich auch bei Dingos und andere Urtyphunden findet.

Treibhunde sind flexibler und anpassungsfähiger als Herdenschutzhunde, sodass einige Rassen, wie zum Beispiel der Rottweiler, heute in Deutschland stark verbreitet sind, da sie als Familienhunde leichter zu halten sind.

Auf den großen Viehtrieben bewegten die Treibhunde nicht nur die großen Rinderherden notfalls mittels starkem körperlichen Einsatz voran, sondern sie schützten das wertvolle Vieh in der Fremde auch vor Dieben und anderem Unheil.

Diese Aufgabe setzte einen unerschrockenen, selbstständigen und flexibel territorialen Hund voraus. Dort wo ich bin, ist meins!

Die Treibarbeit, zum Beispiel auf den alten Ochsenwegen, forderte von den Hunden ungemeines Selbstbewusstsein. Das wertvolle Vieh in der Fremde und auf Wanderschaft gegen Diebe zu schützen, jederzeit sicher und territorial aufzutreten, auch wenn der Schäfer schläft, erforderte ungeheure Durchsetzungsstärke.

Ein Rottweiler hat zwar eine hohe Reizschwelle, ist aber äußerst wachsam.

Das Treiben erfolgt bis heute überwiegend durch Gebell, Geknuffe und das Zwicken in die Ferse des Viehs. Eine Kuh bewegt sich nicht, wenn man sie mit Blicken fixiert!

Ein Welsh Corgi ist kaum größer als ein Dackel, aber ungleich robuster und stärker. Diese kleinsten Treibhunde sind, ebenso wie ihre großen Namensvettern, hart im nehmen. Sie weichen einem Huftritt souverän aus und schrecken nicht zurück. Im Gegenteil: Sie setzen nach und behaupten sich. Die Corgis werden in Großbritannien in großer Zahl von der Queen gehalten. Sie sind mit ihrer ungewöhnlichen Figur mit einer Maximalgröße von 30 cm und einem Gewicht bis zu 12 kg, den markanten Stehohren und ihrem frechen Gesichtsausdruck unverwechselbar.

Sie stammen entweder vom Westgotenspitz ab, den die Wikinger aus Schweden nach Wales mitbrachten, oder die Wikinger brachten die Welsh Corgis aus Wales zurück in ihre Heimat: Auch der Westgotenspitz ist ein robuster Treibhund und Hofhund.

Treibhunde wie der Rottweiler gelten zwar oft als sehr kinderlieb und freundlich, niemand würde es jedoch wagen, sich einem wütenden Rottweiler zu nähern!

Die Reizschwelle dieser Hunde ist sehr hoch. Es dauert, bis sie sich aufregen, aber wenn, dann meinen sie es ernst und können unversöhnlich und nachtragend sein! Zu ihrer Entschlossenheit kommen allzeit wache Sinne. Ein Treibhund hat alles im Blick, die Ohren sind, wenn möglich, gespitzt und skeptisch werden alle Außenreize hinsichtlich ihres Gefährdungspotenzials analysiert: Ist Haus, Hof, Vieh, Auto, Mensch, Hund oder Futter bedroht?

Die Nasenleistung der Treibhunde ist hingegen eher durchschnittlich, da dieser Sinn wenig gefordert und die optische Orientiertheit stärker in der Arbeit gebraucht wurde. Sehr häufig sind Treibhunde anderen Hunden gegenüber intolerant und ablehnend, besonders unkastrierte Hunde lehnen gleichgeschlechtliche Mitvierbeiner leider allzu oft entschieden ab! Die Konkurrenz im eigenen Territorium wird als unzumutbar empfunden.

Im Vergleich zum Herdenschutzhund oder territorialen Jagdhund tritt der Treibhund oft in fremder Umgebung sehr viel sicherer auf. Er sollte in seiner beruflichen Laufbahn auf jedem Zentimeter Land, das er betrat, sicher auftreten. Ein Viehtrieb ging oft über Dutzende, ja sogar Hunderte von Kilometern. Der historische Ochsenweg führt zum Beispiel über 235 km von Wedel bei Hamburg nach Viborg in Dänemark! Auf diesen alten Wegen trieben die Bauern ihr Vieh zu den großen Viehmärkten, begleitet und geschützt von ihren wehrhaften Hunden. Wie könnten wir erwarten, dass diese Hunde nicht unerschrocken und allzeit bereit an unserer Seite gehen?

In der Erziehung fordern die Treibhunde viel von uns. Das erste Ziel sollte sein, ihre recht groben Umgangsformen zu verfeinern! Das bedeutet, dass ich dem Welpen noch sehr deutlich seine Grenzen aufzeigen muss, um später verfeinert kommunizieren zu können.

Unklares Verhalten verursacht, ebenso wie beim Herdenschutzhund, bei einem Treibhund das Bild eines unentschlossenen Halters und wird mit Übernahme aller Kontrollfunktionen geahndet! Das bedeutet, dass wir von der Übernahme des Hundes vom Züchter an die Kompetenzen und Grenzen aufzeigen sollten. Wie wir das tun können, wird in späteren Kapiteln erklärt.

Hütehunde

Eine Freundin berichtete mir vor wenigen Wochen von einem Ausflug in die Heide, wo sie sich mit einem arbeitenden Schäfer unterhielt: Er erläuterte ihr, dass er seit kurzer Zeit wieder mit Altdeutschen Hütehunden arbeite (Schafpudel und Harzer Fuchs), da sein Vieh die Border Collies, die ihn früher begleiteten, durchschaut und für harmlos befunden habe.

Hütehunde bevölkern die Hundewelt erst, seitdem sich die Landwirtschaft im Mittelalter sprunghaft entwickelt hat. Nicht mehr die Selbstversorgung der kleinen Höfe stand im Vordergrund, sondern der Handel und somit die Möglichkeit, Geld zu verdienen und andere begehrte Waren zu erwerben.

Die Versorgung der Städte mit Wolle und Fleisch machte eine veränderte Haltung der Nutztiere nötig, da die begrenzten Dorfweiden (Anger) keinesfalls genug Nahrung für größere Herden boten.

Bei den Altdeutschen Hütehunden ist das Erscheinungsbild noch sehr vielfältig.

Wanderbeweidung durch Herden, die mit den Schäfern größere Strecken zurücklegten, um den Tieren immer wieder neue Weideflächen anbieten zu können, und die damit verbundenen neuen Aufgaben für die begleitenden Hunde, erforderten neue Rassen. Leichte, wache, intelligente, leichtführige Hunde wurden gebraucht, die gut mit ihren Menschen zusammen arbeiten konnten und dennoch robust genug für ein Leben auf der Weide waren.

Die bewaldete Landschaft veränderte sich, Kulturlandschaften mit großen Freiflächen entstanden. Die Lüneburger Heide in Niedersachsen entstand aus der Beweidung durch die Heidschnucken, die von Hunden gehütet über die Flächen zogen und Baumschösslinge vertilgten. Noch heute muss die Kulturlandschaft „Heide" durch Beweidung vor Verbuschung geschützt werden. Nur Schafe oder Ziegen kommen für diese Art der Beweidung infrage. Kühe und Pferde sind zu schwer und kommen mit der relativ mageren Kost nicht aus. Wanderschäfer hüteten die Schafe mehrerer Höfe und waren angesehene Bürger. Ihre Arbeit wurde hochgeschätzt, brachte sie den Bauern doch sichere Einkünfte!

Örtliche Hundeschläge entstanden, in Deutschland zum Beispiel der Schwarze Altdeutsche Hütehund, Harzer Fuchs, Schafpudel, Tiger oder Stumper, in Belgien der Malinois, Groenendael oder Tervueren, in Frankreich der Berger de Picardie oder Briard, in England die Collies (Bearded, Langhaar, Border).

In Tibet werden die riesigen Yaks von einer der kleinsten Hütehundrassen überhaupt begleitet: dem Tibet-Terrier, der eigentlich gar kein Terrier ist. In Spanien lebt der Gos d'Atura català, in den Niederlanden gibt es unterschiedliche Schäferhundschläge, unter anderem den Schipperke.

Die Hütehunde haben, im Vergleich zu den Herdenschutzhunden, auffällige Farben, die es dem Schäfer ermöglichen, ihre Hunde ständig von der Herde zu unterscheiden. Herdenschutzhunde haben meist die Farbe des Viehs und leben gut getarnt und selbstständig in der Herde.

Der Border Collie gehört heute zu den am meisten als Familienhund gehaltenen Hütehunden.

Die Hütehunde entstanden aus den robusten Treibhunden und leichten Jagdhunden, deren stark ausgeprägten Jagdinstinkt sie bis heute in sich tragen. Die starke jagdliche Veranlagung bewirkt, dass sie leicht zu begeistern und zu motivieren sind, ist jedoch auch die Grundlage dafür, dass sie dazu neigen, sich in Dinge hineinzusteigern, sich selbst zu verlieren und hysterisch zu reagieren. Sie sind leicht zu „Balljunkies“ zu machen und ihre ständige Bereitschaft, mit höchstem Engagement zu agieren, macht sie häufig Opfern von überehrgeizigen Hundesportlern, die sie überfordern und immer weiter treiben. Die Hyperaktivität vieler Hütehunde wird mit Hyper-Beschäftigungsangebot durch die Halter beantwortet, anstatt ihnen genug Ruhe zu verordnen, die sie zu sich selbst finden lässt.

Hütehunde haben eine andere Wahrnehmung als andere weniger sensible Hunde mit einem anderen „Arbeitshintergrund“. Sie haben eine starke räumliche Orientierung und nehmen Bewegungen immer im Zusammenhang mit der räumlichen Umgebung wahr.

Das Hüten beinhaltet sowohl die Reaktion auf die Bewegungsrichtung des Viehs (Vieh selektieren oder zusammentreiben) als auch die ständige Beobachtung der Umgebung, um Gefahrenpotenziale zu erkennen. In der Arbeitsweise am

Der Gos d'Atura català – hier ein Mischling – ist eine der ursprünglichen Hütehundrassen in Europa. Er ist robust, ausdauernd und genügsam.

Vieh unterscheiden sich die einzelnen Rassen durchaus voneinander. Ein Tibet-Terrier, der sich gegen Yaks durchsetzen muss, oder ein Berger des Pyrénées arbeiten lautstark und zwicken das Vieh, sollte dies nötig sein.

Auch ein Border Collie hat eine gewisse Neigung „zuzugreifen", hütet aber eher durch optischen Einsatz. Fixieren der Schafe mit Blicken und angedeutete Bewegungen auf das Vieh zu, lenken die gehüteten Tiere. Wird ein Border Collie „übergriffig", dann lebt er seinen kompletten Jagdinstinkt aus, agiert ungehemmt. Andere Hütehundrassen nutzen ihre körperliche Durchsetzungskraft und verzichten weitestgehend auf das „optische Hüten", beobachten aber das Vieh ständig und sind, wie alle Hütehunde, „Sichtjäger".

Sehr beliebt und inzwischen dem Border Collie den Rang ablaufend unter den „Nicht-Schäfern" ist der Australian Shepherd. Er entstand unter anderem aus dem Berger de Pyrénée à face rase (Pyrenäen-Schäferhund mit kurzem Gesichtsfell), der als sehr urwüchsiger Hütehund gilt: Durchsetzungsstark und lautstark treibend hat er dem Australian Shepherd eine große Selbstständigkeit und Robustheit mitgegeben.

Hütehunde wie dieser Kelpie haben eine sehr gute räumliche Orientierung.

Der „Aussie“ gilt als guter Reitbegleiter und gehört auf vielen Reiterhöfen zum Quarter Horse wie der Hut zum Cowboy: Westernreiter haben sehr häufig diese Hunde, die noch in den 1950er-Jahren die Reiter zu Pferd beim Viehtrieb begleiteten. Ursprünglich entstand die Rasse nicht in Australien, sondern in den USA. Baskische Schäfer brachten im 19. Jahrhundert ihre Schafe mit nach Nordamerika, die dort den Namen „Australian Sheep“ hatten, da sie häufig nach Australien exportiert wurden. Die Einwanderer wurden von ihren spanischen Hütehunden begleitet, aus denen der Australian Shepherd entstand. Optisch ähnelt der Australian Shepherd dem Border Collie, ist jedoch stärker und etwas größer. Seine charakterliche Veranlagung scheint jedoch eher eine Mischung aus Treib- und Hütehund zu sein.

Hütehunde brauchen eine sinnvolle Aufgabe, die ihre Intelligenz und körperlichen Fähigkeiten fördert und fordert, sie jedoch nicht zu hysterischen Junkies macht!

Ähnlich wie bei vielen Jagdhundrassen sollte man sich jedoch bei allen Hunden fragen, ob das Leben, das ich den geliebten Vierbeinern anbiete, ihnen ebenso lebenswert erscheint wie uns. Eine artgerechte Beschäftigung und Sinngebung stellt auch den Hundehalter vor Herausforderungen.

Die Hütehundhaltung fordert von uns viel Ruhe, Gelassenheit, Souveränität und genaue Kenntnis der hündischen Kommunikation, da sie sehr fein kommunizieren und ein kundiges Gegenüber suchen und brauchen.

Der Berger des Pyrénées à face rase ist vermutlich einer der Stammeltern des Australian Shepherd,

Der Australian Shepherd ist in seiner Veranlagung viel selbstständiger als der Border Collie.

Was bedeutet Kommunikation?

Vor einigen Wochen bin ich mit meinen vier Hunden mit dem Fahrrad in die Feldmark gefahren. Wir waren auf dem Weg zu einem gemeinsamen Jagdausflug mit Futterbeuteln, bestens gelaunt und freuten uns ob des Sonnenscheins, als uns ein Kamikaze-Beagle entgegenkam.

Ich hielt an und wir fünf guckten uns an und fragten uns, was der Beagle-Rüde mitteilen wollte. Er fixierte uns mit seinen Blicken und pinkelte hoch erhobenen Beines an einen Strauch in etwa 1,5 m Entfernung.

Das entspricht in etwa dem Verhalten eines jugendlichen Sprayers, der morgens, gerade als der Mercedes-Besitzer aus dem Haus tritt, seinen Namenszug auf dessen Motorhaube sprüht!

Glücklicherweise erkannten meine vier Hunde in dem selbstmordgefährdeten Beagle einen harmlosen Gernegroß. Vor einigen Jahren wäre diese Unverfrorenheit jedoch Anlass genug für einen Streit gewesen!

Eine Grundregel der Kommunikation heißt: Es ist nicht möglich, nicht zu kommunizieren. Eine gelungene Kommunikation setzt jedoch voraus, dass alle beteiligten Individuen die gleiche Sprache sprechen, die gleichen Signale benutzen. Das gilt sowohl für uns Menschen als auch für alle anderen Tiere. Individuen, die in einem Kulturkreis leben und einen ähnlichen gesellschaftlichen Hintergrund haben, verstehen sich meist leichter als „Fremde“.

Bei diesem Großen Schweizer Sennenhund und seiner Halterin klappt die Kommunikation – er folgt ihr aufmerksam.

Die Individualdistanz, also die Entfernung bzw. Nähe, die man einer fremden Person zugestehen kann, ohne dass man sich belästigt oder gestört fühlt, variiert stark. In Asien gelten andere Höflichkeitsregeln als in den USA, ein dort unverbindlich gemeintes „Wir sehen uns" gilt hier in Europa bereits als Verabredung.

Um unsere Hunde zu verstehen und uns ihnen mitteilen zu können, müssen wir also eine gemeinsame Sprache finden, die von beiden Individuen verstanden wird. Die Reduzierung auf Wortsprache in der Signalgebung hat ihre Ursache in zwei unterschiedlichen kulturellen Merkmalen im Umgang mit unseren Hunden:

Zum einen unterschätzen Menschen die Spezies Hund im Hinblick auf ihre Intelligenz und ihre kommunikativen Fähigkeiten, die den menschlichen in vielerlei Hinsicht aber sogar überlegen sind. Zum anderen hat die Entwicklung des „Diensthundewesens" militärische Ausbildungsmethoden übernommen. Das bedeutet, dass ein Diensthund, egal ob im Schutzdienst, beim Militär, im Polizeidienst oder „nur" auf dem Hundeübungsplatz, fast ausschließlich auf gesprochene (oder gebrüllte) Kommandos hören soll.

Dies wird verständlich, wenn man sich einen Polizisten im Dienst mit der Hand an der Waffe vorstellt, der seinem Hund Anweisungen gibt, ohne Blickkontakt und ohne Körpergesten.

Leider findet sich diese Kommunikation mit dem Hund auch immer noch in der „normalen" Hundeerziehung. Bei der Begleithundprüfung dürfen auch nur „Kommandos" gegeben werden, auf vielen Hundeübungsplätzen werden dafür unangemessen lautstarke Signale gegeben.

Unsere Hunde könnten verstehen, dass wir in der Kommunikation etwas unterentwickelt sind, wenn wir nur schreien würden, aber leider interpretieren sie auch unsere Körpersignale und die sind häufig sehr widersprüchlich zu dem, was wir mit der Stimme vermitteln wollen!

Ein ganz einfaches Beispiel sehe ich täglich in meiner Arbeit: Ein Hundehalter möchte von seinem Hund einen Futterbeutel apportiert, also gebracht bekommen, schickt den Hund mit dem Signal „Apport Dummy" los, hält dem begeistert startenden Hund die Hand entgegen und schaut ihn erwartungsvoll an.

Für den Hund bedeutet dies: Ich darf den Dummy aufnehmen, aber nicht bringen. Warum?

Die vor den Körper gehaltene Hand fordert den Futterbeutel, aber der Hund müsste frontal auf den Hundehalter zugehen, um den Beutel abgeben zu können. Frontale Annäherung bedeutet aber (unter Hunden und Menschen!) eine massive Provokation, die der Hund seinem Halter nicht zumuten möchte.

Zudem heißt der auf den Hund gerichtete Blick: Komm nicht näher! Und so wird ein höflicher, feinsinniger und motivierter Hund zu einem unmotivierten Verweigerer abgestempelt und das Drama nimmt seinen Lauf.

Hunde können nur so kommunizieren, wie es die Natur für sie vorgesehen hat, nämlich „hündisch". Sie können sicherlich eine ganze Reihe von Wörtern mit einer Bedeutung verknüpfen, aber Kommunikation, also Abstimmung unter Individuen einer sozialen Gruppe, ist etwas anderes!

Mimische Minimalisten und Gesichtsakrobaten

Hündische Kommunikation ist abhängig von der Hunderasse, der Sensibilität des einzelnen Individuums und der Lernprozesse, die im Bereich der Kommunikation stattgefunden haben.

Einige Hunderassen haben aufgrund ihrer Gesichtsform wenig mimische Ausdrucksmöglichkeiten: Die verkürzte Nase von Bulldoggen, Möpsen und Pekinesen macht es unmöglich, den Nasenrücken zu kräuseln. Das heißt, dass eine Warnung dieser Hunde an andere nicht wahrgenommen werden kann! Auch der massive Unterbiss mit vorstehenden Zähnen macht ein Anheben der Lefze, um einen Zahn als Warnsignal zu zeigen, unmöglich.

Hunderassen wie zum Beispiel diese Französische Bulldogge haben aufgrund der verkürzten Nase weniger mimische Ausdrucksmöglichkeiten.

Das gleiche Schicksal teilen Hunde mit zu langen, herabhängenden Lefzen wie Dogge, Mastino, Fila Brasileiro und andere massige Rassen.

Hunde mit langem Fell können ihr Nackenfell nicht sträuben. Ihre Gesichtszüge werden nicht wahrgenommen und so sehen sie sich häufig genötigt, überdimensionierte Signale zu senden, da die Andeutungen nicht gesehen werden.

So entstehen aggressive Verhaltensweisen, die ihre Ursache in der Kommunikationsunfähigkeit durch Rassemerkmale hat. Daher würde ich zum Beispiel jedem Hundehalter, der einen Hund mit langem Gesichtsfell hat, empfehlen, das Gesichtsfell kurz schneiden zu lassen!

Über die körperlichen Gegebenheiten hinaus beeinflusst auch die Sensibilität der einzelnen Hunde ihre Kommunikation und Empfindsamkeit. Treibhunde müssen sehr robust und widerstandsfähig sein, ertragen auch mal einen Tritt oder einen Rempler des Viehs und dürfen zudem nicht zimperlich im Umgang mit Fremden sein, wenn diese an die Herde wollen. Das bedingt einen nicht allzu sensiblen Hund, der auch in schwierigen Situationen nicht nachlässt, der sich nicht leicht ängstigt. Wenn ich jedoch robust in meiner Gefühlswelt bin, dann kommuniziere ich auch so: eher grob und etwas eindimensional.

Treibhunde haben im Allgemeinen eine hohe Reizschwelle, reagieren erst sehr spät mit Aggression, vorausgesetzt, man sorgt für eine positive Prägung und Sozialisation, aber wenn sie verärgert sind, dann wirklich ernsthaft. Es gibt also nicht die vielen feinen Abstufungen in der Kommunikation, wie zum Beispiel bei den Hütehunden.

Bei diesem Bearded Collie wäre es aufgrund des langen Gesichtsfells ohne Haarspange kaum möglich, die Mimik zu erkennen.

Das leichte Anheben der einen Lefze bedeutet: Übernimm dich nicht, pass auf! Ein leichtes Runzeln der Nase unterstreicht dies und ist bei einigen sehr sensiblen Hunden schon ein eindeutiges Zeichen für einen aufziehenden Sturm.

Die gerunzelte Nase beim Border Collie (hypersensibel = sehr sensibel) wird vom Rottweiler (hyposensibel = wenig sensibel) vielleicht als mimische Vorstufe einer leichten Gereiztheit gedeutet, ist für den Signalsender aber wahrscheinlich die letzte Stufe vor ernsthafter Aggression!

Hyposensible Hunde wie Herdenschutzhunde, Treibhunde und einige Hofhunde sollte der Halter im Laufe der Erziehung sensibilisieren. Bereits in der Welpengruppe kann zum Beispiel ein Schweizer Sennenhund lernen, dass er vorsichtig mit anderen Welpen spielt und die Signale der anders gearteten Hunde kennen und damit richtig umzugehen lernt.

Konfrontation: Der Hund rechts zeigt Besitzverhalten an einer Ressource (Tannenzapfen). Der Hund links droht unsicher mit zurückgelegten Ohren und langem Mundwinkel.

Der Mensch sollte in einem Hundekontakt dafür sorgen, dass sein Hund auf das Drohverhalten der anderen mit Rückzug und Toleranz reagiert und nicht mit Aggression.

Hyposensible Hunde sind Individuen, die überwiegend eigenverantwortlich handeln und daher nicht auf Abstimmung mit ihren Sozialpartnern angewiesen sind. Stark gruppenorientierte Hunde, wie zum Beispiel Hütehunde und territoriale Jagdhunde, kommunizieren fein und sehr ernsthaft. Sie arbeiten im Verbund mit anderen und leben in gut organisierten Hierarchien. Dafür benötigen sie die Abstimmung in der Gruppe. Sie haben eine feinere Mimik, mehr Gesichtsausdrücke, ihre Mimik wirkt reich und ausdruckstark.

Meutehunde, die in einer großen Gruppe, welche keine klare dauerhafte Hierarchie im Kleinfamilienverband aufweist, leben, sind meist hyposensible Hunde. Übermäßige Sensibilität ließe sie das Leben in der großen Meute nicht ertragen!

Ihre Mimik ist weniger flexibel, sie verfügen über weniger Gesichtsausdrücke, ihre mimische Sprache ist reduziert (Beagle, Bayrischer Gebirgsschweißhund, Hannoverscher Schweißhund, französische Laufhunde usw.).

Immer wieder wird argumentiert, dass Hunde ihre Probleme untereinander klären sollen: Wie aber soll ein Chihuahua sich gegen einen Bernhardiner durchsetzen? Wie soll eine Bulldogge einem Australian Shepherd erklären, was sie

Unsicherheit: „Sich den Rücken frei halten“ durch Rückzug unter die Bank.

will und was nicht? Wie soll ein Briard sein Frauchen bitten, ihm einen Zopf zu machen, damit die Kumpels in der Spielgruppe sein Gesicht sehen können?

So entstehen auf der einen Seite kläffende, zwickende Terrorzwerge, über die sich im besten Fall lustig gemacht wird, die aber in den meisten Fällen irgendwann von einem anderen Hund gebissen werden. Auf der anderen Seite finden sich tickende, unkontrollierbare, weil zu starke Zeitbomben, die sich irgendwann über einen anderen Hund stülpen, weil ihnen einfach der Kragen platzt! Und das nur, weil sie alle als Welpen gelernt haben, dass auf ihre Signale sowieso keiner achtet und sie nur durch viel Getue die Chance haben, unversehrt zu bleiben.

Nicht selten erlebe ich in meiner Hundeschule Hunde, die jünger als ein halbes Jahr sind und wieder an Hundekontakte herangeführt werden müssen, da sie schlechte Erfahrungen in der Welpenzeit gemacht haben und sich durch ihre aggressive Vorgehensweise latent in Lebensgefahr befinden.

Und warum ist es denn so abwegig, meinem Hund Schutz zu geben? Würde ich einem anderen Menschen nicht auch zur Seite stehen? Sind uns unsere Hunde so egal, dass wir sie schon als Welpen ihrem Schicksal überlassen oder alle Kompetenz in die Hand von Hundetrainern abgeben?

In der Kommunikation unterscheidet man zwischen sicherer und unsicherer Mimik. Droht ein Hund aus Angst und Unsicherheit, so zeigt er auch seine Zähne, der Mundwinkel ist jedoch langgezogen und die Ohren sind nach hinten gelegt. In diesem Fall sollte ich meinem Hund Schutz geben und dafür sorgen, dass er keine Angst vor den anderen zu haben braucht.

Die sichere Drohung wird mit kurzem Mundwinkel und neutral oder nach vorn gerichteten Ohren gezeigt. Als Hundehalter kann ich meinem Welpen durch Korrektur, zum Beispiel Stupsen in Verbindung mit einem verbalen „No" erklären, dass ich nicht möchte, dass er andere Hunde bedroht. Ich möchte auch nicht, dass mein Kind andere in der Sandkiste mit Sand bewirft und die Schaufel zum Schlagen benutzt!

Körperspannung

Wir kennen die Bezeichnungen „unter Strom stehen", „angespannt sein", „sich aufblähen", „jemanden abprallen lassen", „nur die Harten kommen in den Garten" und viele mehr.

Diese Bilder, von uns selbstverständlich in der Sprache verwendet, beschreiben die Spannung, die ein Körper haben kann und was sie ausstrahlt:

Hier sieht man die typische Pirschhaltung eines Rhodesian Ridgebacks mit dem fixierenden Blick auf das Gegenüber.

Wenn ich unter Strom stehe, bin ich wach, allzeit bereit, übernervös, bereit zur Abwehr. Die Muskeln sind durchblutet, angespannt. Diese körperliche Bereitstellung von Energie kommt aus der Zeit, als auch wir Menschen noch fliehen oder kämpfen (flight or fight) mussten, um unser Leben oder Auskommen zu schützen. Wenn ich jemanden abprallen lasse oder mich „hart", also undurchdringlich mache, dann zeige ich Stärke, versuche Unverwundbarkeit zu vermitteln.

Diese Attribute gelten auch für Hunde. Wenn ein Hund in einer Begegnungssituation mit einem anderen Individuum plötzlich die Körperspannung verändert, dann hat das immer eine kommunikative Bedeutung. Plötzliches Steifmachen der Gelenke, starre Rutenhaltung, leicht gewinkelter, angespannter Hals mit etwas abgewandtem Blick vom Gegenüber ist eine Drohgebärde, die dem anderen sagen soll: „Komm mir nicht noch einmal unter die Augen, sonst haben wir beide Streit!"

Auch die sogenannte „Bürste", also die aufgestellten Nackenhaare, die nicht immer ein Zeichen von Angriff oder Aggression sein muss, sondern auch auf eine erhöhte seelische Anspannung oder Stress schließen lässt, was sich nicht in einem Angriff kanalisiert, ist ein Ergebnis der erhöhten Körperspannung. Die Spannung in der Haut ist so stark, dass die Haare „abheben"!

Umgekehrt bedeutet das Nachlassen von Körperspannung, ebenso wie bei uns, Entspannung und ist ein Zeichen von Kooperation, Aufgeschlossenheit, eventuell sogar der Beginn einer Freundschaft.

In meiner Beratungstätigkeit für Hundehalter achte ich in meiner Analyse und bei Umgang mit fremden Hunden mehr auf die Körperspannung und Blickrichtung als auf akustische Signale oder direkte taktile Kontaktaufnahme.

Die Körperspannung wird von einigen Hunden nicht verstanden oder wahrgenommen oder die Sendung der Signale funktioniert aufgrund von körperlichen Gegebenheiten schlecht. Sehr langes Fell, das ungleichmäßig den Hundekörper umgibt, kann die Wahrnehmung des Gegenübers hemmen.

Die Sensibilität der Hunde in Bezug auf die Wahrnehmung der Signale anderer Individuen wird sowohl von der angeborenen Sensibilität als auch von der Erziehung beeinflusst.

Wenn ich meinen Welpen nicht dazu anleite, die Signale der anderen zu respektieren, und mein Hund die Erfahrung macht, dass er anderen körperlich überlegen ist, dann kann es sein, dass er sich im Laufe des Erwachsenwerdens zu einem asozialen „Raufer" entwickelt. Werden solche Hunde dann in „Raufergruppen" untergebracht, in denen ihre Kommunikation weiter verflacht, dann können daraus große Probleme erwachsen!

Wir Menschen sollten uns mit der hündischen Kommunikation beschäftigen, damit wir unseren Hunden und uns solche Erfahrungen ersparen!

Bewegungsrichtung und Positionen

Um die Kommunikation von Hunden zu verstehen, ist es empfehlenswert, Hunde miteinander zu beobachten, die sich gut kennen und zusammen leben. Die Abstimmung der Individuen untereinander mittels einer von allen anerkannten Signalgebung sollte die Grundlage für unser Verständnis von gelungener hündischer Kommunikation sein!

Die angespannte, nach außen orientierte, nicht selten konfliktbesetzte Begegnung mit fremden Hunden spiegelt nicht das gesamte Verständigungsspektrum wider.

Begegnen zwei Hunde sich höflich, so gehen sie nicht frontal aufeinander zu, sondern in einem leichten Bogen. Auch wir Menschen kommunizieren über Bewegungsrichtung. Wer ist nicht verwirrt, wenn sich in einer anderen Kultur plötzlich alle scheinbar falsch herum bewegen, die Autos auf der falschen Straßenseite fahren? Wir haben auch bestimmte Vorstellungen und Prägungen in Bezug auf Bewegung. Im Begriff „frontal" steckt das Wort „Front" oder „Konfrontation". Auch wir empfinden es als unangenehm, wenn sich jemand direkt vor uns aufbaut!

Angenehmer ist es, wenn wir mit unserem Hund die Perspektive teilen. Die gleiche Blickrichtung bedeutet, eine Position nebeneinander zu haben, beieinander zu sein. Keiner ist der „Vorsitzende", sondern man hat die gleiche Aussicht, das gleiche Ziel, die gleiche Richtung!

Unter Hunden geht der Erfahrenste mit der meisten Verantwortung voran. Der „Anführer" weiß, wie man mit den sich bietenden Gegebenheiten und Möglichkeiten umgehen muss oder kann und gibt den „Folgenden" die Möglichkeit sich anzuschauen, wie er das tut. Die Angeführten sind nicht etwa die Angeschmierten, sondern können vom Anführer lernen!

Wie können wir erwarten, dass unsere Hunde uns geistig folgen, wenn wir ihnen Zeit ihres Lebens an der Leine und im Freilauf folgen und uns von ihnen führen lassen?

Wir geben durch die eingenommene Position hinter unseren Hunden den Tieren die Verantwortung und überlassen ihnen die Entscheidung, wie sie mit entgegenkommenden Hunden, Menschen, Joggern, Pferden usw. umgehen werden.

Und wenn wir keinen Einfluss darauf nehmen können, wer führt und wer folgt, wenn wir es nicht schaffen, als erster um eine Kurve zu kommen, wie können wir dann erwarten, dass unser Hund uns Kompetenzen in Bezug auf andere Hunde zutraut? Unser Hund muss vermuten, dass wir weder uns selbst noch ihn gegen andere verteidigen könnten, das Futter in der Tasche oder das Kind an unserer Seite könnten ernsthaft gefährdet sein.

Annäherung ohne Konfrontation: Die Welpen laufen nicht frontal aufeinander zu und zeigen damit deutlich, dass sie keinen Konflikt provozieren wollen.

Allen Säugetieren ist gemein, ihre Jungtiere gegen Gefahren zu schützen. Elefanten, Kühe und Pferde stellen sich vor ihre Jungen. Vögel fliegen Ablenkungsmanöver, um Fressfeinde von den Küken, Nestlingen oder flüggen Jungvögeln abzulenken. Gänse schwimmen im Konvoi, ein Altvogel vorne, in der Mitte die Gänseküken, ein Altvogel hinten. Ich selbst habe als Kind von einem Taubenpapa aus dem Schlag meines Vaters mit dem Flügel einen Hieb versetzt bekommen, als ich beim Reinigen des Taubenschlages zu nahe ans Nest kam.

Wenn wir also betrachten, wie wir uns unseren Hunden hinterherbewegen, dann wird schnell klar, wie sie uns sehen müssen: kindlich, abhängig.

Mit großer Begeisterung sehe ich, dass diese Zusammenhänge in den meisten Hundeschulen bekannt sind und die Kunden angeleitet werden, ihre Hunde neben oder hinter sich gehen zu lassen. Leider ist es jedoch allzu oft so, dass die Hunde nicht etwa von der Führungsqualität ihres Halters überzeugt werden, sondern die Menschen angeleitet werden, wie sie ihre Hunde mit dramatischen Schrittfolgen, zischenden Lauten, Erziehungsgeschirren und anderen martialischen Mitteln hinter sich zwingen können. Durch solche Maßnahmen hält unser Hund uns nicht nur für kindlich, sondern auch noch für dumm.

Die taktile Kontrolle mittels Körperkontakt ermöglicht, dass der Australian Shepherd seine Aufmerksamkeit auf die Umgebung lenken kann und ihm trotzdem keine Bewegung seines Menschen entgeht.

Hunde kommunizieren durch Bewegung. Die Dynamik, die Richtung und die Selbstkontrolle in einer Bewegung sagen dem Hund mehr über die Kompetenzen des anderen als alle Erziehungsmaßnahmen zusammen. Die sensible Arbeit mit der Leine, das Einbringen der eigenen körperlichen Möglichkeiten zur Kommunikation, Überblick über eine Situation und eine ruhige, souveräne Handlungsweise bezeugen Führungsqualität. Die meisten unserer ernsthaft territorial veranlagten Hunde können das sehr gut. Wir können es lernen!

Dieser Border Collie stellt sich vor seinen Menschen, um ihn von der Umwelt abzuschirmen.

Menschen trainieren sich im Laufe ihres Lebens viele „natürliche“ Verhaltensweisen ab. Kinder weichen dem Blick der verärgerten Eltern aus, viele Eltern fordern: „Schau mich an, wenn ich mit dir rede!“ Einem souveränen Erwachsenen trotzig ins Gesicht zu gucken, der wütend auf einen ist, würde den meisten Kindern nicht einfallen. Sie wollen keine Konfrontation.

Kinder verhalten sich meist intuitiv richtig, wir Erwachsenen haben dies „abtrainiert“. Kinder können auch lernen, respektvoll mit Hunden umzugehen, wenn wir verhindern, dass sie in Hunden Stofftiere oder Spielzeuge sehen. Wenn wir ihnen bewusst machen, dass der Familienhund eine ganze Persönlichkeit mit erwachsenen Bedürfnissen ist, dann werden sie das ab dem entsprechenden Alter (Empathie-Entwicklung etwa ab dem 18. Lebensmonat: Erkennen und Nachfühlen von Emotionen; ab dem 4. Lebensjahr Nachdenken über die Emotionen anderer; ab dem 7. Lebensjahr kontextbezogene Empathie: Situationsbezogene Abstraktionen sind möglich). Frontale, unangefragte Umarmungen, „Kopftätschelungen“ und Ähnliches mögen Kinder meist ebenso wenig wie Hunde!

Um durch Bewegungen und Positionen mit Hunden kommunizieren zu können, ist es manchmal hilfreich sich vorzustellen, unser Hund wäre ebenso groß wie wir: Fänden wir dann das frontale Aufbauen vor uns, das „Sich-ans-Bein-

Drücken“, Drängeln und Rempeln, Hochspringen und Ablecken oder mit Tempo 50 km/h auf uns Zulaufen auch noch angenehm? Wohl kaum.

Im Umgang mit Pferden sind Menschen sehr viel entschlossener und eindeutiger, weil es unangenehm bis gefährlich ist, ein 700 kg schweres Tier nicht kontrollieren zu können.

Ressourcen

Des Menschen liebstes Spielzeug ist sein Auto: Es scheint mehr über eine Person auszusagen, als uns eigentlich lieb ist. Wie viele Menschen schönen ihr Selbstbewusstsein mit einem großen oder schnellen Fahrzeug einer teuren Marke! Wir stellen uns dar. Durch Kleidung, Haus, Auto, Hobby, Urlaubsreisen und andere Marken. Wir entwerfen ein Bild, von dem wir uns wünschen, dass andere es von uns haben. Unsere Hunde sind auch so.

Jede Gruppe hat ihre Ressource, ihre spezielle Fähigkeit, ihre Eigenart. Herdenschutzhunde verstehen sich, wenn einer von ihnen eine Winzigkeit von einem Futterrest bewacht, obwohl er keinen Hunger mehr hat, nur um zu sagen: „Es ist meins! Schlag es dir aus dem Kopf!“

Kommunikation durch eine Ressource: Der Shar Pei versucht seinem Artgenossen den Futterbeutel abzujagen.

Aktion und Reaktion: Der blonde Mischling läuft mit seiner Ressource Stock demonstrativ am Hovawart vorbei, um ihn herauszufordern (a). Er legt den Stock ab und der Hovawart zeigt das gewünschte Interesse an dem Mischling (b). Durch das Weggehen wird die Ressource freigegeben (c).

Infantilere Hunde, wie zum Beispiel Hütehunde, nutzen Stöckchen, Bälle oder andere Gegenstände, die sie mit sich herumtragen, von ihnen wegrennen, die sie fixieren, anpirschen, umkreisen und spielerisch in die Luft werfen, um zu zeigen: „Sieh her! Das kann ich alles."

Ressourcen dienen der Kommunikation. Auch wenn zehn Bälle vorhanden sind, ein ganzer Baum zu Ästen gesägt herumliegt: Der eine Ball, der eine Stock, und zwar der, den der andere Hund hat, ist wichtig.

Wir, und unsere Hunde, wollen das, was andere haben wollen. Das Gefühl der Jagd auf das, was alle wollen, der Triumph, es zu bekommen, ist zu groß, als dass es Mensch und Hund leicht fiele, darauf zu verzichten.

Ein Hund legt einen Stock einen Meter vor sich ab und blickt in die Runde der anderen anwesenden Vier- und Zweibeiner: Wagt es jemand, mir diesen Besitz streitig zu machen? Wer es versucht, macht meist einen Fehler.

Zu Ressourcen zählt auch der Liegeplatz, die Position auf der man bzw. der Hund schläft. Je höher, desto mehr Überblick, desto mehr Verantwortung, desto wichtiger, desto ranghöher ist man. Wer ranghoch ist, hat mehr Rechte als ein Rangniederer.

Welche Rechte, welche Ressourcen sind wichtig für einen Hund? Woran erkenne ich, welche Rechte ich als Mensch gegenüber meinem Hund habe?

Bewegungsfreiheit ist ein hohes Gut: Wer darf sich wann wohin bewegen? Wer wird von wem in dieser Bewegung beaufsichtigt? Kann ich mich als Mensch in meinen Räumlichkeiten bewegen, ohne dass mein Hund mir folgt, sich mir vielleicht sogar unbemerkt in den Weg stellt? Kann ich essen, ohne angebettelt zu werden? Kann ich mich auf den Liegeplatz meines Hundes setzen, ohne ihn dazu zu lassen? Muss ich ihn mehrfach wegschicken? Kann ich in jedem Moment entscheiden, wo sich wer in meinem Haus aufhält?

Es geht nicht darum, eine Diktatur zu errichten, sondern zu hinterfragen, ob ich vielleicht, ohne es zu merken, bereits in einer lebe! Würden unsere menschlichen Partner uns so einschränken, sich im Umgang mit Ressourcen und Besitz so intolerant verhalten wie das viele unserer Hunde uns gegenüber tun, dann würden wir wahrscheinlich als Single leben.

Würden wir uns umgekehrt so klar und selbstbewusst unseren Hunden gegenüber verhalten wie wir das (hoffentlich) in unseren Partnerschaften tun, dann würde es sehr viel weniger Probleme zwischen Mensch und Hund geben. Wir sind uns vieler kommunikativer Signale nicht bewusst.

Ressourcen wie Futter oder Spielzeug zeitweilig mit uns herumzutragen, würde unseren Hunden helfen, uns für kompetenter und erwachsener zu halten.

Bemerken wir dann, dass unsere Hunde an uns hochspringen, bellen oder beleidigt sind, besteht Handlungsbedarf.

Erfolgreich mit Hunden kommunizieren

Eine erfolgreiche Kommunikation von Mensch zu Hund und Hund zu Mensch setzt voraus, dass beide die gleiche Sprache sprechen. Da wir Menschen nicht vom Hund erwarten können, dass er anfängt zu sprechen, müssen wir uns der kommunikativen Möglichkeiten besinnen, die wir mit dem Hund teilen: Akustik, Körpersprache, Mimik und Ressourcen.

Auf der anderen Seite sollten wir uns durch Beobachtung und Auseinandersetzung mit der Veranlagung unseres Hundes vergewissern, ob der Hund uns verstehen kann. Sind wir stolzer Besitzer eines empfindsamen Hütehundes, müssen wir unsere Signalgebung anders einsetzen als bei einem Herdenschutzhund, der reduziert kommuniziert und zugleich eine hohe Reizschwelle hat.

Mimik

Mimik beschreibt die verschiedenen Ausdrucksmöglichkeiten durch Veränderung der Oberfläche des Gesichtes, hervorgerufen durch die Gesichtsmuskulatur. Ein Teil der Mimik wird unwillkürlich zum Beispiel durch Schmerzreize ausgelöst, ein anderer Teil kann willentlich beeinflusst werden. Dies gilt für Mensch und Hund. Wir sind also in der Lage, mittels unserer bewussten Mimik mit unserem Hund zu kommunizieren.

Aufgerissene Augen beispielsweise gehören zu verschiedenen emotionalen mimischen Ausdrücken, die wir bewusst kombinieren können. Aufgerissene Augen und ein zum „O“ geformter Mund sind ein Zeichen für ein Spielgesicht. Die kurzen Mundwinkel beim „O“, bei dem aber keine zusätzlichen Gesichtsfalten entstehen, zeigen ein sicheres Gefühl und deuten den Willen, Spaß haben zu wollen, an. Die meisten Hunde reagieren mit verstärkter Aufmerksamkeit und erwarten etwas Großartiges von ihrem „O“-gesichtigen Menschen.

Ein erwachsener ernsthafter Herdenschutzhund könnte einen allerdings für krankhaft naiv halten, aber sogar meine sehr ernsthaften Rhodesian Ridgebacks sind aufgeregt, gespannt und erfreut, wenn ich in leicht gehockter Haltung ein Spielgesicht mache. Die Stimmung wird sofort übertragen.

Ein fixierender Blick (zusammengezogene Augenbrauen, Augen schmal) mit einem kurzen Mundwinkel (leicht gespitzte Lippen, damit der Mundwinkel „kurz“ ist) drückt Missbilligung aus und wird verstanden, vorausgesetzt, der Mensch wird von seinem Hund ernst genommen.

Mittels dieser zwei Gesichtsausdrücke kann ich eindeutig meine Stimmung mitteilen, unterstützt durch Stimme und Körperhaltung.

Bei diesem Harzer Fuchs ist durch die zurückgelegten Ohren und die Entblößung der unteren Zahnreihe eine gestresste Unsicherheitsmimik zu erkennen.

Das Zeigen der oberen Zahnreihe, eventuell verbunden mit einem Knurren (dabei sollte das „r“ rollen) ist eine klare Drohung. Auch dabei entstehen kurze Mundwinkel, die Sicherheit in der Emotion vermitteln. Ein breiter Mund, bei dem eher die unteren Zähne gezeigt werden, vermittelt Unsicherheit.

Beim Hund werden dann noch die Ohren zurückgelegt und es entsteht das Bild der unsicheren Drohung, die in ihrer Konsequenz gefährlicher sein kann als eine sichere Drohung.

Wer Unsicherheitsmimik zeigt, ist nicht souverän! Droht ein Hund unsicher und fühlt sich weiterhin bedroht, kann es zu einer angstaggressiven Handlung kommen, die nicht vernunftgesteuert ist und somit gefährlicher als

Das Gähnen und die angelegten Ohren bei diesem Australian Shepherd sind Ausdruck für Stress und Unbehagen.

eine sichere Drohung, bei der im Normalfall nur so viel aggressiv gehandelt wird, wie unbedingt nötig ist, um eine schwierige Situation zu klären.

Die Stirn in Falten zu legen oder die Nase zu runzeln ist ein Zeichen von ernsthafter Drohung, die bei Welpen noch geübt wird, bei älteren Hunden aber ein Zeichen von ernst gemeinter Auseinandersetzung ist. Eine spielerische Auseinandersetzung mit gebleckten Zähnen geht mit glatter Stirn einher.

Der Blick von oben herab auf ein kleineres Lebewesen ist in der Natur den erwachsenen Tieren vorbehalten, signalisiert also Überlegenheit. Wen wundert es also, dass Hunde sehr häufig versuchen, auf Augenhöhe mit den Menschen zu kommen, und deshalb an uns hochspringen?

Akzeptiert jedoch ein Hund seinen Menschen als Erziehungsberechtigten, dann wird er das nicht tun, da es ihm nicht unangenehm ist, „von oben herab“ betrachtet zu werden.

Jede mimische Regung wird von sensiblen Hunden wahrgenommen und interpretiert. Ein Zucken der Mundwinkel sagt mehr als tausend Worte!

Der besorgte Blick in Richtung des Hundes, der einem entgegenkommt, oder das Erschrecken bei der unerwarteten Begegnung mit einem Menschen zeigt dem Hund, dass wir unsicher sind. Entsprechend vorbereitet ist unser ernsthafter Hund – bereit, uns und sich zu verteidigen, falls er dies für nötig hält.

Körpersprache

In der täglichen Praxis meiner Arbeit mit Menschen und ihren Hunden erlebe ich immer wieder die großen Unterschiede zwischen Menschen: Es gibt wahrhafte Körpersprachgenies, die sich der Aussagekraft ihrer Gestik, Bewegung und Körperspannung zu jeder Zeit bewusst sind und für die es kein Problem darstellt, sich ihrem Hund körpersprachlich mitzuteilen. Was ihnen fehlt ist der Übersetzer, die Erkenntnis, wie ähnlich Mensch und Hund sich auch in Bezug auf ihre Körpersprache sind.

Für andere, häufig kopfgesteuerte Menschen, ist es ungleich schwieriger sich zu koordinieren, ein Gefühl für ihre eigenen körpersprachlichen Signale zu finden, sich bewusst zu werden, was sie körpersprachlich äußern. Insbesondere die bewusst gesteuerte Umsetzung körpersprachlicher Signale im Zusammenhang mit einer besonderen Aufgabenstellung macht ihnen Probleme.

Selbstverständlich ist es eine Herausforderung, die eigene Kommunikation zu verändern und sich entgegen der Gewohnheit nonverbal mitzuteilen. Die Qualität der menschlichen Körpersprache ist für einen Hund auch messbar an der Schnel-

Der Berger des Picardie zeige seine Geschicklichkeit und versucht durch „Schaulaufen" zu beeindrucken.

ligkeit der Reaktion, der Aktivität. Wenn ein Hund seinen Menschen anspringt oder nach dem Essen in der menschlichen Hand greift und die betroffene Person sich dann besinnt und einen Schritt nach vorne tritt, dem Hund entgegen, dann ist es eigentlich schon zu spät.

Die Zeit der Besinnung, der Reaktion, zeigt dem Hund, dass der Mensch nicht in der Lage ist, in einer ernsten Situation angemessen schnell zu reagieren, egal ob es um ein flüchtendes Reh oder einen angreifenden Nachbarshund geht! Hunde nutzen diverse Situationen, um ihre Menschen zu testen. Nicht, weil sie ihre Menschen nicht lieben oder sie abwerten möchten, sondern um einschätzen zu können, ob sie sich auf ihre Bezugsperson auch im Ernstfall verlassen können.

Doch wer sieht schon einen Zusammenhang darin, wenn ein Hund seinem Menschen am Ball testet, indem er ihm die Ressource jedes Mal, bevor der Mensch den Ball aufheben möchte, vor der Nase wegschnappt, und der Aggression dem Besucher gegenüber, der auf einen Kaffee vorbeikommen möchte?

Wenn ich es nicht schaffe, meinen Hund körperlich zu begrenzen, sein Handeln souverän zu beeinflussen, dann kann ich nicht erwarten, dass mein Hund mir zutraut, dies bei anderen zu bewirken. Und darüber hinaus kann ich ebenso wenig erwarten, dass mein Hund die verbalen Ermahnungen ernst nimmt, wenn er weiß, dass ich die gestellten Forderungen nicht durchsetzen könnte!

Um mit meinem Hund körpersprachlich kommunizieren zu können gibt es drei Voraussetzungen:

- Ich muss die Signale des Hundes erkennen und verstehen, um sie selbst einsetzen zu können.
- Ich muss meinen Hund räumlich erst einmal so begrenzen, dass er aufmerksam genug und wenig abgelenkt ist.
- Ich muss dafür sorgen, dass mein Hund mich ernst nehmen kann. Das beinhaltet, dass mein Handeln ernst gemeint ist und Konsequenzen folgen, wenn mein Hund mich nicht ernst nimmt.

Geistig und seelisch gesunde Hunde weichen Gefahren eher aus, als dass sie in sie hineinlaufen. Sie sind also Flüchter, die nicht riskieren möchten, seelisch oder physisch verletzt zu werden. Das bedeutet, dass ich dies in der hündischen Körpersprache wiederfinde.

Möchte ich einen Hund distanzieren, reicht eventuell schon eine Gewichtsverlagerung auf das dem Hund näher stehende Bein, um diesen zum Zurückweichen zu veranlassen.

Sollte ein Hund in Bezug auf die menschliche Körpersprache desensibilisiert sein, weil er seine Menschen als unkommunikativ erlebt hat, dann wird vielleicht ein deutlicher Schritt auf ihn zu nötig sein! Dabei wende ich keine Gewalt an.

Dieser Akita ist aufmerksam und konzentriert sich auf seinen Menschen.

Es geht nicht darum, meinen Hund durch das Zufügen von Schmerzen zu einem Meideverhalten zu veranlassen, sondern darum, sich körperlich präsent und kommunikativ zu zeigen.

Möchte ich das Gegenteil erreichen, nämlich dass mein Hund sich zu mir bewegt, wirkt eine leicht zurückweichende Bewegung wie der Zug an einem Gummiband! Das erklärt jedoch auch, warum Hunde, vor denen man zurückweicht oder sich wegdreht, wenn sie einen anspringen, damit weitermachen werden. Ebenso wird dem Würstchen in der Hand des Kindes hinterhergesprungen, wenn es die Hände hebt, um dem Diebstahl vorzubeugen.

Hunde schauen sich gegenseitig an, schlenkern eventuell leicht mit dem Kopf und beginnen sich fortzubewegen, wenn sie ein anderes Individuum zum Mitkommen auffordern wollen. Auch das können wir übernehmen: Ein eindeutiger Blickkontakt, ein Umdrehen mit einer lockeren Schulterdrehung und die Fortbewegung lösen ein Folgen des sensiblen Hundes aus.

Wie oft ärgern sich jedoch Hundehalter darüber, dass ihre Hunde nicht sitzen bleiben, wenn sie sich entfernen. Der Mensch fordert jedoch seinen Hund durch eine zu lasche Schulterspannung im Weggehen zum Mitkommen auf! Möchte ich erreichen, dass mein Hund tatsächlich sitzen bleibt, wenn ich gehe, dann sollten

Richtiges Führungsverhalten: Der Große Schweizer Sennenhund folgt an lockerer Leine in einer Begrüßungssituation.

mein Rücken und die Schulterparty wie eine Wand erscheinen: „Hier kommst du nicht durch!“ Wenn ich mich wegbewege und dabei gerade aufgerichtet bin, zu große Schritte vermeide, die eine starke Vorwärts-Dynamik vermitteln, dann wird mein aufmerksamer Hund sitzen bleiben.

Vordergründig sind wir für einen Hund das, was wir körperlich ausstrahlen: Attribute wie stark, schwach, geduckt, aufrecht, steif, locker, angespannt, entspannt. Selbstverständlich interessiert unseren Hund auch die Wahrhaftigkeit, die hinter unserer Körperhaltung steckt!

Natürlich wird er uns, verstellen wir uns dauerhaft, nicht glauben, sondern erkennen, wann wir schwach sind und er uns schützen muss, auch wenn wir noch so breitschultrig aufzutreten versuchen.

Unser Hund wird genau analysieren, wie wir auf andere zugehen. Besonders der Umgang mit fremden Hunden ist für unseren Hund von großem Interesse! Machen wir uns vor fremden Hunden klein, sprechen diese mit hoher „Was bist du für ein Süßer!“-Stimme an, gehen womöglich in die Hocke, dann hält uns ein Herdenschutzhund für einen Waschlappen. Halten wir dem Fremdling hoheitsvoll eine Hand entgegen, an der er schnuppern darf, oder bleiben distanziert, so wirkt das dem eigenen Hund gegenüber souverän.

Ein respektierter Hund wie hier der Harzer Fuchs wird nicht angerempelt, sondern eher beschwichtigt, in dem Fall von einem Holländischen Schäferhund.

Erwachsene Hunde lassen sich würdevoll von den Mitgliedern ihrer sozialen Gruppe beschnuppern, wenn sie von einem Ausflug heimkehren. Sie stehen hoch aufgerichtet, erhaben den anderen gegenüber, die sie aufgeregt beschnuppern. Ein respektierter Hund wird jedoch nicht angesprungen oder -gerempelt, sondern umschwänzelt und beschwichtigt. Die anderen machen sich klein.

Würde ein junger Wilder es wagen, den nötigen Respekt fehlen zu lassen, erfolgt eine Korrektur des Verhaltens. Der Althund greift beispielsweise mit dem geöffneten Fang über den Nacken, dazu gibt es ein tiefes Knurren oder Bellen. Der Frechdachs lernt, dass der erwachsene Hund ihn jederzeit verletzen könnte, obwohl er keinen Kratzer abbekommen hat. Das Tempo, in dem die Korrektur ansatzlos stattgefunden hat, verschlägt uns Menschen die Sprache, ist jedoch der Garant dafür, dass der junge Hund sie anerkennt und ernst nimmt.

Hundehalter sprechen oft davon, dass Hunde keine Warnsignale gezeigt haben. Wahrscheinlicher ist, dass wir sie schlicht übersehen haben, und da beide agierenden Hunde eventuell nicht zu einer sozialen Gruppe gehörten, hat keine Korrektur, sondern eine Verletzung statt gefunden.

Korrektur ist teil einer Erziehungsmaßnahme. Fremde werden jedoch nicht erzogen, sondern abgeschreckt. Körperliche Korrektur ist keine Strafe. Sie tut nicht weh und verletzt nicht, sie ist eine Andeutung dessen, was passieren könnte, wenn die Grenzen des andern Individuums nicht gewahrt werden!

Im Idealfall lernt mein Hund bereits als Welpe von mir, dass der menschliche Körper respektiert werden muss: kein Beißen, Rempeln, Anspringen! Derartige Aktionen eines acht Wochen alten Welpen würden auch die Hundeeltern mit einer Zurechtweisung quittieren. Als Hundehalter stupse ich den Welpen, ohne ihm weh zu tun, als deutliche kommunikative Geste.

Schaffe ich es, dies schnell genug zu tun, dass mein kleiner Hund mich ernst nimmt, dann traut er mir wahrscheinlich auch zu, dem Rest der Welt gegenüber entschlossen aufzutreten.

Mit Ressourcen kommunizieren

„Ressource" ist zu vergleichen mit „Besitz" und „Handlungs-Berechtigung". Wem gehört etwas und wer darf den Besitz wie und wann nutzen? Wem gehört das Haus und wer darf ungefragt auf das Sofa? Viele Hunde würden diese Fragen mit „mir" und „ich" beantworten.

Kommunikation über Ressourcen zu führen bedeutet, sich vorher mit der Bedeutung der einzelnen Besitztümer auseinanderzusetzen. Für einen Herdenschutzhund kann ein am Boden liegender Krümel Anlass zu einer ernsthaften

Dieser Rhodesian Ridgeback nähert sich erst einmal sehr vorsichtig dem Treibball.

Diskussion sein, wogegen er sich mit einem sensationell schönen Ball niemals spielerisch beschäftigen würde. Den gleichen Ball würde ein Hütehund nicht nur unermüdlich verfolgen, wenn er geworfen würde, sondern ihn auch als Kommunikationsmittel nutzen, um seine Schnelligkeit und Geschicklichkeit darzustellen.

Treibhunde haben häufig Spaß daran, Bälle zu jagen und „unter Kontrolle" zu bringen: Bei dem Hundesport Treibball ist die größte Aufgabe für Mensch und Hund zu erreichen, dass der Treibhund den Ball „leben" lässt.

Territoriale Jagdhunde hätten ein ungleich größeres Interesse daran, einen Ball einem anderen Hund abzujagen, also Beute zu machen. Die ausschließliche Beschäftigung mit einem von ihrem Menschen geworfenen Ball wäre ihnen zu kindisch. Den Ball jemand anderem abzujagen, bedeutet Beute zu machen.

Ich habe einmal ein Gespräch mit einer Familie geführt, in der zwei Hunde leben: eine Labrador-Retriever-Hündin und eine Rhodesian-Ridgeback-Hündin.

Ich war zuerst ganz erstaunt, als mir der Mann erzählte, dass seine Ridgeback-Hündin ein großes Interesse an Bällen hat und sie regelmäßig damit spiele. Es stellte sich jedoch im Verlauf des Gespräches heraus, dass ihr Interesse sich darauf bezog, der anderen Hündin den Ball abzujagen, ihr also zu zeigen, dass sie ihr körperlich überlegen ist. Sie nutzt also die Ressource Ball zu kommunikativen Zwecken!

Wir sollten unseren Umgang mit Ressourcen zwar nicht überbewerten, uns aber bewusst sein, welche Bedeutung sie besonders für ernsthaft territorial veranlagte Hunde haben können.

Der Streit um die Ressource steht für Unstimmigkeiten in der Beziehung. Zerrspiele können Konflikte zwischen den Teampartnern fördern.

Eine wichtige Ressource stellt auch der Liegeplatz des Hundes dar. Nicht alle Hundehalter können sich auf dem Platz ihres Hundes aufhalten oder diesen besetzen, ohne von einem drängelnden Hund belästigt zu werden! Den Platz des Hundes zeitweilig zu besetzen, um ihm zu vermitteln „Ich habe das Recht, dies zu tun“, zeigt unseren hohen sozialen Status. Das soll nun nicht bedeuten, dass ich mich ständig auf Hundedecken aufhalten muss, aber es dient zu einer Standort-Bestimmung: Gesteht mein Hund mir dies zu? Auch die Verwaltung eines Kauartikels, den ich mit mir herumtragen kann, ohne dass mein Hund ihn bekommt, stellt eine derartige Standort-Bestimmung dar.

Wenn ich draußen unterwegs bin und einen größeren Stock, als den mein Hund vielleicht gerade hat, ein Weilchen mit mir herumtragen kann, ohne dass Diebstahl versucht wird, bin ich auf dem richtigen Weg.

Zugleich muss ich darauf achten, ob mein Hund mich vielleicht zwar gewähren lässt, aber unauffällig dafür sorgt, dass mir kein fremder Hund oder Mensch zu nahe kommt, damit ich nicht in Gefahr gerate.

Wenn mein Hund Kreise um mich zieht und mir zugesteht, das Stocktragen üben zu dürfen, er sich aber dann quer vor mich stellt, wenn ein Passant nach dem Weg fragt, dann werde ich noch nicht als erwachsen wahrgenommen.

Wir sollten nicht das Gefühl haben, nun eine dauernde Diskussion mit unseren territorial veranlagten Hunden führen zu müssen, aber wir sollten uns jedoch vergewissern, was uns unser Hund zutraut und in welcher Rolle er uns sieht.

Nur wenn wir uns sicher sein können, dass auch wir das Recht haben, Ressourcen zu nutzen und zu verwalten, dann wird unser Hund uns als Führungspersönlichkeit in der sozialen Gruppe akzeptieren. Und nur dann können wir entscheiden, wie wir als Gruppe agieren.

Alltagssituationen mit stark territorial veranlagten Hunden

Schon Welpen wie diesem Großen Schweizer Sennenhund sollte so früh wie möglich gezeigt werden, was zum Alltag gehört und wo die Grenzen sind.

Das Einzigartige an der Hundehaltung ist sicherlich das enge Zusammenleben von Mensch und Hund. Es gibt theoretisch kaum Bereiche und Örtlichkeiten, an die uns Hunde nicht begleiten könnten.

Wir leben unter einem Dach, wir verreisen gemeinsam, wir machen Sport zusammen, wir besuchen gemeinsam und werden besucht. Mancher Mensch verbringt mit seinem Hund mehr Zeit als mit seinem menschlichen Partner. Ist uns bewusst, welche Bedeutung dies für unsere Hunde hat?

Es scheint selbstverständlich, dass unser Hund uns ins Restaurant oder Büro begleiten kann und dabei gesittet und entspannt an unserer Aktivität teilnimmt oder sich parken lässt. Für den Hund, der unsere Intention nicht versteht, der nicht weiß, wohin wir mit ihm gehen und was wir da sollen, stellt es jedoch ein hohes Maß an Vertrauen dar. Er muss sich uns anvertrauen – auf Gedeih und Verderb.

Daher ist es wichtig, uns der Bedeutung der verschiedenen Orte unseres Zusammenlebens und Wirkens für den Hund zu vergegenwärtigen und uns zu überlegen, wie wir am besten unserem Hund vermitteln: „Vertrau mir“, „Folge mir“, „Du kannst dich gut aufgehoben bei mir fühlen“.

Ein Hundewelpe würde das angestammte Territorium seiner Eltern innerhalb der ersten eineinhalb Lebensjahre kennenlernen, würde Erfahrungen sammeln und sich dann in diesem Revier sicher bewegen. Fremde Orte würde er nur aufsuchen, wenn er sich der sozialen Gruppe aufgrund ernsthafter Differenzen entziehen müsste, wenn er eine eigene Familie gründen würde.

- Ein Herdenschutzhund würde sein Territorium niemals verlassen, es sei denn, er droht zu verhungern oder ist ernsthaft auf Partnersuche. Da jedoch der Sexualinstinkt recht gering bei ihm ausgeprägt ist, ist auch das nicht unbedingt ein Grund!
- Hof- und Bauernhunde sollten sich nicht von ihrem Grund und Boden fortbewegen, da sie diesen schützen sollten. Ein „außerterritoriales" Highlight im Leben eines Hofhundes hat sicher das Einbringen des Viehs bedeutet, bei dem zum Beispiel die Kühe von der Weide geholt wurden (und werden). Diese Umgebung ist den Tieren jedoch auch seit ihrer frühesten Welpenzeit vertraut.
- Hütehunde sind ebenfalls nicht sehr flexibel in fremder Umgebung. Sie sind extrem skeptisch gegenüber allem Fremden und neigen „außerterritorial" zu Unsicherheit.
- Treibhunde haben die Herden oft über Hunderte von Kilometern auf dem Weg zum Markt begleitet und treten in fremder Umgebung sicherer auf. Sie sind nicht so sensibel wie Hütehunde und nicht so unflexibel wie Herdenschutzhunde. Dafür setzen sie sich entschlossen gegen Fremde und unbekannte Hunde durch, die ja dem Vieh (oder dem Menschen) gefährlich werden könnten!
- Territoriale Jagdhunde jagen am liebsten im eigenen Territorium. Auch sie sollte man sensibel und konsequent an fremde Umgebungen heranführen.

Mit dieser Übung soll der Australian Shepherd gegenüber anderen Menschen seine Skepsis überwinden.

Zusammenleben im Haus

Unser Haus, unsere Wohnung ist unser Lebensmittelpunkt. Hier ruhen und schlafen wir, hier leben wir auf engem Raum mit unserer Familie oder als Single. Einen Großteil dieser Zeit zu Hause nimmt das Schlafen ein. Ein durchschnittlich veranlagter Mensch schläft acht Stunden pro Tag.

Wenn wir acht Stunden arbeiten und acht Stunden schlafen, dann bleiben uns noch acht Stunden für Arbeitsweg, Einkauf, Nahrungszubereitung und -aufnahme, Körperpflege und Sozialkontakte. Damit leben wir dann immer noch in dem Biorhythmus der Jäger und Sammler, die wir einst waren.

Menschen sind Omnivoren (Allesfresser), genau wie Schweine und Schimpansen. Unser Biorhythmus wird durch die Zeit, die wir für das Verdauen unserer Nahrung brauchen, beeinflusst. Zudem hat die Zeit, die wir vor der Sesshaftwerdung für die Nahrungssuche gebraucht haben, um uns ausreichend zu ernähren, unsere Fähigkeit zur Konzentration bestimmt: Wir haben ungefähr acht Stunden für die ausreichende Nahrungssuche gebraucht und auch heute noch ist das die Zeit, die sich ein durchschnittlicher Erwachsener an einem Arbeitstag konzentrieren kann.

Danach wünschen wir uns „Freizeit". Eine andere Art der Aktivität gewinnt Bedeutung. Nicht die Arbeit, die ja letztlich auch heute noch der Nahrungsbeschaffung dient, sondern das Bedürfnis nach sozialem Kontakt bestimmt überwiegend unsere Freizeit.

Hunde haben den Biorhythmus von Carnivoren (Fleischfressern). Schnell und effektiv jagen, viel fressen, lange verdauen. Ein gesunder, erwachsener Hund ruht bis zu 20 Stunden am Tag. Die hochenergetische Nahrung braucht lange,

Dieser Große-Schweizer-Sennenhund-Welpe will alle im Blick behalten.

bis sie komplett verdaut ist, und der Organismus braucht für die Verdauung viel Kraft. Fehlt die Zeit für die Verdauung in Ruhe, dann wird der Organismus überfordert, das Futter wird unvollständig verdaut und Nahrungssubstanzen werden vom Immunsystem angegriffen, da sie für den Verdauungsapparat nicht zu bewältigen sind. Verschiedene Erkrankungen können die Folge sein: Allergien, Reizdarm, Hautprobleme und Verhaltensauffälligkeiten sind einige davon.

Hunde wollen, ebenso wie wir Menschen, in vertrauter und angenehmer Umgebung ruhen. Sie wünschen sich Sozialkontakt mit ihren Bezugspersonen im heimischen Umfeld und können sich dort am besten entspannen.

Vertrauen wir unseren Hunden jedoch den Posten des Türstehers an, indem wir sie im Flur oder am Eingang des Hauses schlafen lassen, dann können sie nicht wirklich zur Ruhe kommen. Sie werden die Verantwortung über das „Entree“ übernehmen und nicht verstehen, warum es uns stört, wenn sie jeden, der sich der Tür nähert, intensiv und anhaltend verbellen.

Ein Schlaf- oder Liegeplatz im Wohnraum lässt unsere Hunde Anteil haben an unserem Leben. Im Idealfall hat unser Hund jedoch von seinem Platz aus nicht den ganzen Raum im Blick oder einen Rundumblick durch den Garten. Denn bei so einer Position läge für unseren Hund der Verdacht nahe, dass er alles im Blick haben sollte, da wir offensichtlich zu Übersicht und Selbstverwaltung nicht in der Lage sind, und er somit nicht wirklich ausruhen darf, damit ihm verdächtige Umtriebe nicht entgehen!

Dabei ist es egal, ob wir einen territorial sicheren Herdenschutzhund oder einen territorial unsicheren Hütehund als Begleiter haben. Die Aufgabe für die Sicherheit in den heimischen vier Wänden übernimmt das erwachsenste, fähigste Familienmitglied mit den schärfsten Sinnen, der größten Handlungsbereitschaft, der meisten Erfahrung, der Inhaber der strategischen Positionen, der Ressourcen-Verwalter und mutigste Entscheidungsfäller – also leider meist unser Hund!

Dieser Last, die Verantwortung in unserer zivilisierten und daher unnatürlichen Welt zu tragen, sind die Hunde nicht gewachsen und wir sollten sie, beginnend in unseren vier Wänden, davor schützen.

Ich höre häufig, dass Menschen berichten, dass sie vor ihren Hunden das Haus verlassen oder es betreten, dass ihre Hunde hinter ihnen gehen müssen und sie körperlich die Führung übernehmen. Erfreulicherweise haben diese Menschen verstanden, dass jemand die Führung übernehmen, Verantwortung tragen muss. Es reicht jedoch nicht, sich vor seinem Hund aus der Haustür zu quetschen, damit man den frechen Briefträger vor dem Hund erwischt und ihn mit den Rechnungen wieder fortschicken kann. Mein Hund muss mir tatsächlich glauben können, dass ich nicht nur so tue, als sicherte ich unser Wohnumfeld, insbesondere beim Hinein- und Hinausgehen.

Würden wir an einer belebten Straße wohnen und würden unsere halbwüchsigen Kinder vor uns auf die Straße stürmen wollen, dann würden wir dies unterbinden. Wir würden unsere Kinder erst allein, also ohne an der Hand gehalten oder im Kinderwagen sitzend, aus dem Haus lassen, wenn wir uns sicher wären, dass sie die Gefahr, die von der Straße droht, verstanden haben und verantwortungsbewusst genug handeln können. Unsere Hunde stürmen oft voran aus der Haustür, aufgeregt erwartend, was eventuell um die Ecke kommen könnte. Meist hindert eine Leine sie daran, uns zu entschlüpfen.

Wenn wir jedoch nicht aus unserem begrenzten Wohnumfeld herauskommen, ohne dass wir unsere Lieblinge zwingen müssen, bei uns zu bleiben, dann müssen wir davon ausgehen, dass wir bereits zu Hause unglaubwürdig für unsere Hunde erscheinen!

Können wir uns in unseren vier Wänden frei bewegen, ohne ständig von unserem Vierbeiner begleitet zu werden? Können wir unsere Sitz- und Liegepositionen frei wählen, ohne von unseren Hunden belagert zu werden? Haben wir freie Fahrt in unseren Wohnräumen oder müssen wir dauernd über lebendige Teppiche steigen?

Dieser Doggen-Welpe steht seiner Umwelt noch skeptisch gegenüber und muss erst mal Vertrauen aufbauen.

Können wir unser Essen mit uns herumtragen, ohne neidisch zum Teilen aufgefordert zu werden? Dürfen wir telefonieren, ohne von unseren Hunden kommentiert zu werden, unsere Familie umarmen und mit unseren Kindern toben? Freut sich unser Hund über Kuscheleinheiten, wenn wir sie ihm anbieten, oder wird er ungeduldig und entfernt sich?

Wenn wir für uns diese Freiräume als gewährleistet sehen, haben wir wahrscheinlich einen zufriedenen und entspannten Hund und müssen uns keine Sorgen darüber machen, dass er aufgrund eines hohen Stresslevels wegen Überforderung zu früh aus unserem Leben scheidet!

Der Garten

Als ich mich vor über zehn Jahren darum bemühte, einen Rhodesian-Ridgeback-Welpen vermittelt zu bekommen, erhielt ich die Zusage zu meiner wunderbaren Umvuma Xandra nur, weil ich die Züchterin davon überzeugen konnte, dass mein Hund mich täglich zu meiner Arbeitsstelle mit mehr als 400.000 Quadratmetern Grünfläche würde begleiten dürfen.

Dies erschien notwendig, da ich in meiner Hamburger Wohnung nicht über einen Garten verfügte und auch der direkt anliegende Park nicht ausreichende Auslaufmöglichkeiten für meinen zukünftigen Hund zu bieten schien.

Während unseres ersten gemeinsamen Sommers begleitete mich meine junge Ridgeback-Dame dann tatsächlich täglich stundenlang auf meinen Rundgängen durch das Gelände, immer auf der Suche nach Fasanen und Rehen, die es in großer Anzahl in der Landschaft zu finden gab.

Aus der Begleitung wurde allmählich ein Parallelflug mit verabredetem Treffpunkt am Wendepunkt unseres Rundganges und wir entfernten uns geistig und körperlich voneinander. Hätte dies anders ausgesehen, wenn ich in einem Haus mit Garten gewohnt hätte?

Viele Menschen, Hundezüchter, Hundehalter, Hundefachleute und Hundelaien sind der Meinung, dass es notwendig ist, einem großen Hund auch einen adäquaten Garten als Auslauf anzubieten – eine Freilaufzone, in der er ganz Hund sein darf, sein Bewegungsbedürfnis befriedigen kann und entspannt tollen und vielleicht sogar mit den Nachbarskindern spielen darf.

Ich teile diese Ansicht nicht. Es ist sicher einfacher, einen Hund zu halten, wenn man einen Garten zur Verfügung hat. Es ist jedoch nicht unbedingt notwendig und die oben beschriebene Nutzung des Gartens durch den Hund empfinde ich als Zumutung für das Tier.

Warum? Ein Hund bewegt sich allein nur äußerst ungern. Seine Aktivitäten finden normalerweise gemeinsam mit seiner sozialen Gruppe statt. Der Garten stellt zudem keine Entspannungszone dar, in der unser Hund ungestört entspannen kann. Es sei denn, sein Sozialpartner ist ebenfalls anwesend und garantiert dem entspannenden Vierbeiner Sicherheit vor Nachbars „Über-den-Zaun-Gestreichele", den vorbeitobenden Schulkindern, die am Zaun gekonnt eine Katze oder einen entfesselt kläffenden Hund imitieren, und anderen unkalkulierbaren Schrecknissen, die der Ruhe und dem entspannten Spiel unseres Hundes entgegenstehen.

Unser Garten stellt das sogenannte zweite Umfeld für uns und unseren Hund dar: Im ersten Umfeld, dem Haus, der Wohnung, der Höhle schlafen und essen wir, pflegen Sozialkontakte und fühlen uns in Sicherheit. Im Garten überschneidet sich jedoch unser Privatbereich mit der Öffentlichkeit (drittes Umfeld). Wir bemühen uns mit einer dichten Bepflanzung, die sogar im Winter belaubt oder begrünt ist, und mit Sichtschutzzäunen, Mauern und anderen Hilfsmitteln Privatsphäre herzustellen.

Kinder lieben zwar die Größe von Gemeinschaftsgärten, um Fußball spielen zu können, aber für soziale Spiele, in denen die Sozialstruktur der Erwachsenen nachgespielt wird (wie Vater-Mutter-Kind-Spiele) werden Höhlen gebaut, Baumhäuser aufgesucht, Zelte aufgeschlagen oder Verstecke gesucht und genutzt.

Solange kein Eindringling in sein Territorium gelangt, ist der Rhodesian Ridgeback entspannt.

Fußball zu spielen bedeutet, expansiv zu spielen: Das gegnerische Spielfeld wird erobert, um Tore zu schießen, das Spiel ist bewegt und dient nicht zuletzt der Zurschaustellung der eigenen Fähigkeiten in der Gruppe. Das soziale Spiel ist nicht expansiv orientiert, sondern dient dem Erlernen von sozialen Fähigkeiten.

Wir lassen unsere Kinder jedoch das Fußballspiel mit uns in unserem Garten üben, wir beaufsichtigen das Spiel auf dem Spielplatz, wir beobachten die ersten „Playdates“ unseres Nachwuchses und bieten uns als Spielpartner an. Solange unsere Kinder nicht alt und vernünftig genug sind, mit Übersicht zu handeln, lassen wir sie in einem beschützten Rahmen spielen. Der Garten bietet einen solchen Rahmen. Dennoch beaufsichtigen wir die Kleinen dort so lange, bis wir uns ihrer Vernunft sicher sein können.

Ebenso sollten wir mit unseren Hunde umgehen: Junge Hunde, besonders Welpen, können nicht wissen, dass die Menschen, die draußen am Gartenzaun vorbeigehen, ihnen nichts Böses wollen. Sie werden vielleicht erschrecken bei den ersten Passanten oder vorbeifahrenden Autos und beginnen zu wuffen – ein Warnsignal, das in jeder guten Hundefamilie die Mutter oder den Vater auf den Plan rufen würde, die sicher die Lage einzuschätzen wüssten.

Erfährt unser Welpe jedoch, dass wir erstens gar nicht mit ihm im Garten sind, wenn scheinbar gefährliche Situationen auftreten, und zweitens, dass der angewuffte Mensch hinter dem Zaun weitergeht, also scheinbar auf das Wuffen reagiert, dann könnte unser Welpe glauben, er sei für das Vertreiben der Menschen am Zaun zuständig!

Wenn dann später aus dem Wuffen ein infernalisches Gebell geworden ist, fangen wir Menschen an zu schimpfen und suchen nach einer Lösung des „Bell-Problems“. Dabei haben wir dieses Problem selbst verursacht.

Hätten wir unseren Welpen in den Garten begleitet, hätten ihm eine Stelle gezeigt, an der er sich, weit entfernt von den Außenreizen, lösen kann, und hätten wir uns nach einem gemeinsamen Spiel wieder in die „Wohnhöhle“ zurückgezogen, dann wäre es gar nicht zu diesem „Problem“ gekommen.

Selbstverständlich beschäftigt sich ein Hund allein im Garten! Nur was sagen wir ihm damit, wenn er den Vorposten zur Öffentlichkeit darstellt?

Wenn mein Hund gelernt hat, dass ich mich um ihn und seine Belange kümmere, wenn wir gemeinsam draußen sind, dann kann er im Laufe der Zeit auch verstehen, dass ich mich mit etwas anderem im Garten beschäftigen kann und trotzdem eine entspannte Situation bestehen bleibt.

Ich sollte vermeiden, dass mein Hund sich näher am Zaun, beim Gartentor oder den Nachbarn aufhält als ich. Man kann wunderbar mit einem Welpen spielen und ihn dann in einem begrenzten Teil des Gartens einen Knochen knabbern, ein Tau zerpflücken oder einen Zweig kauen lassen. Als Begrenzung bieten sich zum Beispiel Kamingitter, Weidenflechtzäune oder Kaninchenausläufe an. Unser

Welpenspiel unter anleitender Aufsicht des Menschen erweitert das Lernspektrum der Welpen.

junger Hund erkennt, dass wir – ebenso wie seine Mutter es tun würde – auf seine Sicherheit achten. Ist unser Welpe dann später erwachsen, wird er selbstverständlich melden, wenn jemand sich unbefugt im Garten aufhält. Ich kann dann jedoch entscheiden, ob ich selbst den freundlichen Nachbarn hereinbitten möchte oder den Hund in den Garten schicke, während ich die Polizei rufe.

Hundeeltern würden in den ersten vier Lebensmonaten mit ihren Welpen den Nahbereich um die Wurfhöhle nicht verlassen. Erst wenn die Kleinen groß genug sind, um sich koordiniert zu bewegen und die Kommunikation der Gruppe ausreichend beherrschen, werden Ausflüge in die Umgebung unternommen. Ein Garten stellt dieses nahe Umfeld um die „Wohnhöhle“ optimal nach und ist in den ersten Wochen des Zusammenlebens von Mensch und Hund das geeignete Terrain, um sich kennenzulernen, mit schleppender Leine zu spielen (positive Prägung auf die Leine) und sich unbesorgt in einer vorgegebenen Ecke (Hundeklo) lösen zu können.

Die Besuche in der Hundeschule mit moderiertem Spielkontakt (Hunde klären nichts unter sich, Menschen erklären die Spielregeln) der Welpen und ausgewählten Althunden ergänzen das Lernspektrum des Welpen.

Ausflüge in das dritte Umfeld sollte man den Welpen anbieten, ihnen jedoch nicht abverlangen, an der Leine durch die Stadt zu wackeln. Ein Welpe gehört auf den Arm oder den Schoß, ins Heck des Autos oder die Hundebox und darf von dort die Welt bestaunen, in der wir ihn zukünftig leben lassen wollen. Das passive Lernen durch die Verarbeitung von Eindrücken, das sogenannte „Abschalttraining“, beginnt im Garten. Geräusche, Gerüche, Licht, Schatten und die Tiere des zweiten Umfeldes sollten Hunde in Ruhe und in Begleitung des Menschen kennenlernen, egal wie alt der Hund ist!

Gäste empfangen

Unsere Rhodesian-Ridgeback-Hündin ist Menschen gegenüber eigentlich sehr aufgeschlossen. Sie nimmt sie im Normalfall nicht allzu ernst und benutzt Gäste gern als „Streichel-mich-Opfer“, sofern ihr danach gerade der Sinn steht, oder sie ignoriert sie. Es gibt jedoch Besucher, die sie ernsthaft als bedrohlich empfindet. Der Schornsteinfeger riecht nach Feuer, ist schwarz bekleidet und rußverschmiert.

Sein halbjährlicher Besuch bei uns wird grundsätzlich von uns dahingehend gemanagt, dass die Hunde auf den Decken bleiben müssen und einer von uns bei ihnen bleibt, denn sonst würden unsere vier, angeführt von unserer alten Ridgeback-Dame, ihn bestimmt nicht bis zum Dachboden kommen lassen! Da wir seinen Besuch aber freundlich und sorgfältig begleiten, unseren Hunden klare Verhaltensregeln mitgeben und sie uns vertrauen, freuen wir uns immer auf einen kurzen Plausch mit dem menschlichen Glücksbringer und seine Besuche enden unspektakulär.

Was für unsere Hunde bedrohlich ist, können wir oft nur erahnen. Der Geruch nach Feuer ist sicher seit jeher für alle Tiere, auch für uns, ein Gefahrensignal. Aber verstehen wir wirklich, wie unsere Hunde Gäste oder Eindringlinge sehen und empfinden?

Eine Kundin erzählte unlängst, dass sie bei einer Freundin von deren Hund angeknurrt und ständig umschlichen wurde, als sie dort zu Besuch war, und dies, obwohl Mensch und Hund sich bereits länger kennen. Auf Nachfrage erzählte sie, dass sie sich bei der Begrüßung nicht von dem Hund anspringen lassen wollte und ihn zur Seite gestupst hätte. Zudem hatte sie auf dem Fußboden Platz genommen, während die anderen Gäste verteilt im Raum auf den üblichen Sitzunterlagen wie Sofa oder Stuhl saßen. Der Kromfohrländer umkreiste sie auf dem Boden und setzte sich schließlich zwischen ihre ausgestreckten Beine, allerdings mit dem Rücken zu ihr. Als sie ihn streicheln wollte, knurrte er.

Dieser Rhodesian Ridgeback protestiert laut bellend, da sich die Menschen aus seiner Sicht in Gefahr begeben, weil sie Fremde begrüßen.

Sie hatte sich also nicht der Norm entsprechend verhalten und sich damit als gefährlich für den Hausfrieden der ahnungslosen Hundebesitzerin enttarnt. Während die anderen Gäste sich anspringen und zum Streicheln nötigen ließen, brav auf den dafür vorgesehenen Plätzen begrenzt ihr Besucherdasein fristeten, saß sie mit ausgestreckten Beinen auf freier Ebene im Blick der Gastgeberin auf Augenhöhe des wahren Herrn des Hauses: des Hundes. Er setzte sich also in das Blickfeld zwischen seinem Frauchen und der frechen Besucherin und versuchte klarzustellen, wer in diesem Haushalt was zu melden hat. Wahrscheinlich ist es der guten Bekanntschaft zwischen Gast und Hund zu verdanken, dass dieser Hund nur mit einem Knurren auf die Freizügigkeit der Besucherin reagiert hat. Das hätte aber auch anders ausgehen können.

Hunde entwickeln im Zusammenleben mit uns ein Menschenbild. Sie machen sich ein Bild von uns und den anderen Menschen, mit denen sie es durch uns zu tun bekommen. Sie analysieren unser Verhalten in Bezug auf Fremde, auf Bekannte, auf Freunde und Familie. Während die Familie mit einem eigenen Schlüssel oder durch die Hintertür das Haus betritt, klingeln Fremde grundsätzlich.

Erwarten wir Besuch, verhalten wir uns anders, als wenn Familienmitglieder nach Hause kommen. Wir begrüßen die Gäste, sind aufmerksam, verteilen eventuell sogar wertvolle Nahrung an fremde Eindringlinge. Wir tragen vielleicht Schuhe, laufen nicht auf Socken oder Pantoffeln durchs Haus, nutzen die Räume anders und bewegen uns angespannter, unsere Stimmen klingen lauter. Wir zeigen unseren Hunden in jeder Sekunde: Besuch ist nicht normal!

Diese Weimaraner-Hündin ist noch unsicher, ob sie dem Besuch Einlass gewähren soll.

Besonders schwierig ist es für Hunde, wenn ihre Menschen selten Besuch bekommen. Der Fokus auf diesen Besuch ist noch größer, das „unnormale" Verhalten eventuell noch deutlicher ausgeprägt. Was also soll unser Hund erwarten? Ist er es gewohnt, von Gästen mit Aufmerksamkeit überschüttet zu werden („Ach, was für ein entzückendes Hundchen!") oder wird er gar weggesperrt, damit er die Gäste nicht belästigt? In beiden Fällen stellt der Besuch eine Ausnahmesituation dar.

Eine unserer Kundinnen ist Richterin und hat einen großen Hund an ihrer Seite, der es in seinen ersten Lebensjahren konsequent abgelehnt hat, sein Frauchen zu Hause mit Gästen zu teilen. In ihrem Büro bei Gericht erschienen jedoch täglich Mitarbeiter und Kollegen, ohne dass der ambitionierte und eifersüchtige Beschützer reagiert hätte. Der Weg in das Büro, vorbei an den Menschen auf dem Parkplatz, stellte hingegen ein Problem dar. Warum?

In ihrem Büro war und ist die Kundin Richterin. Sie hat eine Funktion, sie hat Verhaltensregeln, sie zeigt Stärke, wird respektiert und sie ist sich dessen bewusst. Außerhalb dieser Funktion verhält sie sich anders. Sie passt sich ihrer Umgebung mehr an, ist aufgeschlossener, weicher und sensibler im Umgang mit anderen Menschen. Aus Sicht ihres Hundes ist sie dort verletzlicher, gefährdeter und er der Sicherheitsbeauftragte. Hunde schicken unsere Gäste nicht nach Hause, weil sie böse oder missgünstig sind, sondern weil sie das Gefühl haben, uns unterstützen zu müssen!

Die Richterin musste ihren Hund „nur“ davon überzeugen, dass sie zu jeder Zeit, an jedem Ort Richterin sein kann und die Situation beherrscht. Dazu gehört, dass ihr Hund sie nicht mehr zur Tür begleitet, sondern sie entscheidet, wer hereinkommt und wer nicht. Sich Hut, Mantel und am besten auch noch den Picknickkorb aushändigen zu lassen, beeindruckt Hunde übrigens auch ungemein.

Den Gästen einen Platz anzuweisen, sie dorthin zu begleiten und sie zur Tür zu geleiten, wenn sie das WC aufsuchen wollen, sollte für den Beginn der Erziehung zum „gästefreundlichen Hund“ selbstverständlich in Fleisch und Blut übergehen. Besucher sollten zudem in die Küche begleitet werden, wenn Getränke oder Speisen nachgeholt werden. Ansonsten könnte es zu Missverständnissen kommen.

Es empfiehlt sich, auch selbst beim Nachhausekommen an der Tür zu klingeln und erst aufzuhören, wenn der Hund nicht mehr bellt. Betritt dann ein Familienmitglied das Haus, hat der Hund die Chance zu verstehen, dass nicht jedes Klingeln „Eindringling“ bedeutet.

Diese Maßnahmen erscheinen uns vielleicht übertrieben, werden aber nachvollziehbar, wenn man sich vergegenwärtigt, dass Hunde nicht wissen können, wen wir da ins Haus holen. Sie sind nicht in der Lage nachzufragen, ob wir uns bei der Auswahl unserer Freunde immer absolut sicher sind. Sie müssen die Si-

Diese zwei Weißen Schweizer Schäferhunde haben ihre Umgebung voll im Blick. Ihnen entgeht nichts.

tuation mit ihren Fähigkeiten beurteilen, müssen unseren Signalen, die wir ja oft unbewusst geben, vertrauen.

Wenn wir Gäste mit Leckerchen ausstatten, die unserem Hund bei Besuch zuteil werden, dann wird die Situation noch betont. Hunde würden einander keine Leckerchen geben und wenn fremde Menschen dies tun, dann erscheinen sie dem Hund zwar erst als harmlos, aber eine unbedachte Annäherung an den Kühlschrank, weil sich der Gast selbst sein Bier holen darf, wird dann umso bedrohlicher wahrgenommen. Erst kann der Gast sein Essen nicht gegenüber dem Hund behaupten und outet sich somit als Supersoftie, um dann im nächsten Augenblick zum Dieb zu werden! Das entschärft die Situation keinesfalls!

Nur unser menschlicher Umgang mit den Gästen kann unseren Hund davon überzeugen, dass wir alles im Griff haben. Und haben wir ihm dies bewiesen, dann dürfen wir mit der Zeit sicher wieder etwas „lockerer" werden, weil das Vertrauen in unsere „Besucht-werden-Fähigkeiten" gewachsen ist. Wir sollten jedoch nie den Blickwinkel des Hundes vergessen und so Missverständnissen vorbeugen.

Besonders Kinder als Gäste stellen Hunde vor eine Herausforderung, da sie sich viel mehr bewegen, häufig hohe und aufgeregte Stimmen haben und sich wenig berechenbar verhalten. Hunde tolerieren bei den Kindern ihrer sozialen Gruppe mehr Freiräume als bei Spielbesuch, da sie fürchten müssen, den „eigenen" Kindern könnte etwas zustoßen.

Im Zweifelsfall sollte man lieber die Kindergäste und den Hund trennen und so für entspanntes Spiel sorgen. Hunde versuchen häufig, Kinder im Spiel zu bremsen, wollen sich an der Erziehung beteiligen und so kann ein Fußballspiel im Garten mit einem kaputten Fußball oder einem umgerannten Gastkind enden, ohne dass es auch nur eine Sekunde lang böse vom Hund gemeint war. Hunde sind eben kein Spielzeug und Kontakt zwischen Kind und Hund sollte von Erwachsenen moderiert werden. Das bedeutet, dass beide Seiten unter Kontrolle stehen: Kind und Hund!

Hunde zu Gast

Viele Hunde haben sich von uns Menschen ein Bild gemacht, haben ihre Erfahrungen sortiert und passen ihren Umgang entsprechend an. Genauso wie die Hunde Unterschiede zwischen der Familie, Freunden, Bekannten und Fremden machen und das Sozialverhalten der Menschen untereinander studieren, um sich zu orientieren, betrachten sie auch andere Hunde.

Wenn Hunde sich begegnen, können sie sich sehr schnell gegenseitig anhand ihres Verhaltens und Auftretens einschätzen und gestalten entsprechend ihres Selbstverständnisses die Begegnung.

Nicht immer läuft ein Hundebesuch so harmonisch ab.

Abhängig von der sozialen Struktur, in der ein Hund lebt, dem Grad der Verantwortung, die er für sich und seine soziale Gruppe trägt, verhält sich ein Hund. Fühlt sich unser Hund für uns Menschen verantwortlich, schätzt er unsere Kompetenz in Bezug auf andere Hunde als ahnungslos ein. Dann wird die Kontaktaufnahme zu einem anderen Hund sicher angespannter sein, als wenn er uns als souveräne Führungspersönlichkeit kennt.

Unsichere Hunde, die von ihren Menschen nicht im Kontakt mit anderen Hunden unterstützt werden, entwickeln häufig angstaggressives Verhalten mit Scheinattacken und Gekläffe oder versuchen, einem Kontakt auszuweichen, zeigen submissives (unterwürfiges) Verhalten und hoffen, einem „schweren Schicksal" so zu entgehen. Souveräne Hunde lassen sich huldvoll beschnuppern, schirmen eventuell ihre als schwach empfundenen Menschen ab („Er ist ja so eifersüchtig!") und ziehen dann ihrer Wege.

Besonders schwierig gestalten sich Hundekontakte, wenn Hunde gleichgeschlechtlich und sich sehr ähnlich sind, da sich beide auf eine ähnliche Weise annähern und so keine klare Struktur in einem Kontakt entstehen kann. Territorial eher sichere Hunde wie Herdenschutzhunde verhalten sich häufig souveräner im Umgang mit anderen Hunden als territorial unsichere Hunde wie zum Beispiel Hütehunde. Das Verhalten im Kontakt ist jedoch immer abhängig von den gemachten Erfahrungen. Wurde ein Leonberger-Welpe in der Welpengruppe durchgängig von einem frühreifen Terrier belästigt, wird er diese Erfahrung zwar als wertvoll, aber nur im Zusammenhang mit „vermeidenswert" verbuchen und kein zuvorkommendes Verhalten diesem Terrier ähnlichen Hunden entwickeln.

Ein skeptischer Hütehund, der in seinem ersten Lebensjahr regelmäßig von den beiden Nachbarsdackeln verbellt und gestellt wird, wartet eventuell sehnsüchtig auf den Tag, an dem er ausgewachsen ist und den Spieß umdrehen kann. Wir bemerken die Brisanz mancher Begegnungen häufig erst, wenn sich wüstes Gebell und hektische Aktivität bemerkbar machen, da unsere eigene Wahrnehmung langsamer ist als die der Hunde.

Das Konfliktpotenzial, das sich unterwegs auf neutraler Fläche bereits zeigen kann, ist zu Hause umso größer. Hier geht es nicht nur darum, sich selbst darzustellen, den eigenen Menschen von anderen abzuschirmen oder die fast schon angetraute Hündin für sich zu behaupten! Die wichtigste Ressource des Hundes – die Sicherheit im eigenen Territorium – muss gewährleistet werden! Das Haus oder die Wohnung, für viele Hunde aber auch schon der eigene Garten stellen sozusagen die heiligen Hallen, die verbotene Stadt dar. Wenn Menschen Einlass finden, hat der Hund vielleicht noch das Gefühl, von lauter Naivlingen besucht zu werden. Ein fremder Hund jedoch bedeutet potenziell Bedrohung der eigenen Ressourcen.

Viele Menschen erwarten, dass ihre Hunde mit anderen Hunden den Liegeplatz, die Leckerchen, den Ball, die Zuwendung der Menschen und die spendierten Kauartikel teilen möchten. Doch weit gefehlt: Nichts liegt einem Hund ferner. Auch Hunde, die sich untereinander kennen, teilen diese Dinge nicht. Sie lernen von uns notgedrungen, dass ein zweiter Hund in der Gruppe ebenfalls gefüttert wird. Der Ranghöhere würde aber nur Nahrung abgeben, wenn diese im absoluten Überfluss vorhanden ist und er satt werden wird. Hunde können auch nur gemeinsam ritualisiert miteinander fressen, wenn die dafür notwendigen Spielregeln beiden bekannt sind und die Einhaltung der Regeln geübt wird.

Es ist also keine gute Idee, jemanden mit einem Hund einzuladen und beiden zu fressen zu geben, damit sie sich wohlfühlen. Es sei denn, beide Hunde haben ausreichend Abstand voneinander und jeder wird von „seinem" Menschen gefüttert. Die Abgabe von Leckerchen eines Hundehalters an beide Hunde ist auch nicht zu empfehlen!

Dennoch halte ich es für eine gute Übung, Hunde mit „Hundebesuch" zu konfrontieren. Es macht Hunde flexibler und gibt uns die Möglichkeit, in begrenzter und somit kontrollierter Situation zu demonstrieren, dass wir uns nicht von einem anderen Hund das Steak vom Teller klauen lassen. Sollte mein Hund entweder nicht an Besuch gewöhnt sein oder schlechte Erfahrungen gemacht haben, sein angestammtes Wohnzimmer effektiv verteidigen wollen oder es mit

Vorsichtige Kontaktaufnahme!

der Angst zu tun bekommen, dann empfiehlt es sich grundsätzlich, den angekündigten Besuch gemeinsam mit meinem Hund draußen zu empfangen. Ein gemeinsamer kurzer Gang mit beiden angeleinten Hunden ohne gegenseitige Kontaktaufnahme ermöglicht es den Hunden, sich gegenseitig zu beäugen, ohne sich im Kontakt darstellen zu müssen.

Wenn sich beide Hunde ruhig verhalten und keine Tendenzen von Aggression oder Unsicherheit zeigen, können beide Teams ins Haus gehen und die Hunde auf getrennte vorbereitete Liegeplätze bringen. Aus dieser Position können beide Hunde beobachten, dass ihre Menschen sich entspannt und souverän verhalten und eventuell ist dann ein späterer Kontakt möglich.

Beide Hundehalter können ihre Hunde zeitgleich füttern und ihnen etwas zu knabbern geben. Es sollte jedoch gewährleistet sein, dass der Abstand zwischen beiden so groß ist, dass keiner sich bedroht fühlt. Bei einem freien Kontakt der Hunde sollte unter gar keinen Umständen ein Spielzeug oder eine andere Ressource zur Verfügung stehen, die zu einem Missverständnis führen könnte.

Grundsätzlich sollte der „einheimische" Hund mehr Rechte als der Besucher haben. Sein Liegeplätzchen sollte ihm ebenso selbstverständlich zur Verfügung stehen wie es dem Besuchshund untersagt werden sollte sich dort abzulegen. Eine mögliche Erkundung des Interieurs durch den Besuchshund sollte ausschließlich an der Leine erfolgen, wenn dies überhaupt nötig ist.

Generell kann man sagen, dass Hunde gegengeschlechtlichen Besuch lieber sehen als gleichgeschlechtlichen und Welpen meist skeptisch angesehen werden, da sie unkontrolliert agieren und häufig im Mittelpunkt der Aufmerksamkeit stehen. Hunde wollen nicht, das fremde Welpen in ihrem Wohnzimmer Einzug halten, sich frei bewegen dürfen, während sie räumlich begrenzt der Begeisterung der Menschen zuschauen dürfen. Da der Welpenschutz nur für Welpen des eigenen Rudels gilt, finden sich auch nur wenige erwachsene Hunde bereit, mit einem „Besuchswelpen" zu spielen!

Wenn wir uns ernsthaft vorstellen, was wir unseren Hunden in einer Besuchssituation abverlangen, werden wir schnell erkennen, warum unsere Hunde eventuell keinen Spaß an Besuch haben: Spielbesuch bei Kindern ist häufig mit Auseinandersetzungen um das begehrte Spielzeug oder Naschereien verbunden, Eltern sind als Regulatoren und Schiedsrichter gefordert, damit ihre Sprösslinge soziales Verhalten lernen können.

Im Urlaub

Wir träumen von Erholung, Freizeit und stressfreier Zeit in den schönsten Wochen des Jahres: unserem Urlaub. Unsere Hunde hoffen, dass wir unseren Urlaub, die geplante Reise in die Fremde, mit unbekannter Umgebung, neuen Gefahren, unberechenbaren Begebenheiten und entblößt von heimischer Sicherheit vergessen und bleiben, wo wir hingehören: zu Hause.

Hunde empfinden Urlaub nicht als Erholung, sondern als Zeit maximaler Anspannung. Sie können nicht wissen, wohin wir sie fahren und was wir mit ihnen vorhaben.

Wenn wir also am Urlaubsort angekommen sind, sollten wir im Hotel oder der Ferienwohnung einchecken und unseren Hund dabei im vertrauten Auto lassen. Wir haben dadurch die Zeit und den Freiraum, um die Örtlichkeit zu inspizieren, in unseren Räumlichkeiten den besten Platz für den Hund (nicht strategisch, sondern geschützt gelegen!) auszusuchen und einzurichten. Die bekannte Decke oder das Körbchen von zu Hause sollten ebenso die Urlaubsreise antreten wie das gewohnte Futter.

Anschließend suche ich für meinen Hund einen Platz zum Lösen, den ich anschließend mit ihm aufsuchen kann. Hunde riechen, dass wir bereits in unserem Zimmer und an der Lösestelle waren, und fühlen sich dadurch sicherer. Trotzdem sollten wir die Erstbegehung unseres Urlaubsdomizils mit dem angeleinten Hund

Bei dieser Begegnung sind die Hunde noch nicht entspannt, sondern zeigen Imponierhaltung oder Unsicherheit.

machen, damit er nicht das Gefühl bekommt, den Ort explorieren zu müssen. Ich übernehme auch im Urlaub die Führung!

Am Anreisetag vor der ersten Übernachtung sollte man seinen Hund nicht allein in den fremden Räumen zurücklassen. Kann ich den Hund nicht mit zum Essen nehmen, ist er besser im Auto als allein im Zimmer aufgehoben. Nach der ersten Übernachtung kann ich dann einen Hund, der es gewohnt ist, manchmal allein zu sein, und der eine ruhige erste Nacht hatte, für kurze Zeit allein im Zimmer lassen.

Am sichersten fühlen sich Hunde in einer ihnen bekannten Hundebox. Sie stellt sozusagen ein mobiles Heim dar, ist vertraut und vermittelt Geborgenheit.

Auf Ausflügen in die unbekannte Umwelt werden wir feststellen, dass unsere Hunde sehr darum bemüht sind, die Familie zusammenzuhalten, sie uns stetig beobachten und die Umgebung im Auge behalten. Sie sind immer bereit. sich für unsere Sicherheit an diesem fremden Ort einzusetzen.

Besonders die Kinder einer Familie werden beaufsichtigt und ich erinnere mich an ein Gespräch mit der Halterin eines Rhodesian Ridgeback, die erschüttert feststellte, dass ihr Hund sich im Urlaub aggressiv gegenüber Passanten verhielt. Im weiteren Verlauf unseres Telefongesprächs erklärte sich der folgende Sachverhalt: Ihre Kinder spielten auf einem Spielplatz auf der anderen Straßenseite, während sie in einem Café saß. Ihr Hund belästigte die vorübergehenden Menschen, weil er sich Sorgen um die entfernt spielenden Kinder machte und die Passanten zwischen ihm, den Eltern und den spielenden Kindern „splitteten", also hindurchgingen.

Im Urlaub verbringen wir mehr Zeit mit den Familienmitgliedern und es gibt für unsere Hunde weniger Ruhezeiten. Dazu kommen mehr fremde Reize, mehr Gefahrenpotenzial, mehr Interaktion in der sozialen Gruppe und mehr „öffentliche Auftritte" und dadurch mehr Stress!

Wir sollten versuchen, so viel des Alltags von zu Hause in den Urlaub zu transportieren wie möglich. Zudem sollten wir uns bemühen zu verstehen, wie es sich anfühlen muss, an einen unbekannten Ort verschlagen zu werden, ohne dass man jemanden fragen könnte, ob alles in Ordnung und geplant ist. Hätten wir das Vertrauen, uns in den Urlaub entführen zu lassen?

Entspanntes Urlaubsvergnügen!

Der ernsthaft territoriale Hund in der Stadt

Das Leben in der Stadt stellt uns Menschen vor besondere Herausforderungen. Es ist lauter, enger, schneller und turbulenter als auf dem Land. Wir teilen uns öffentlichen Raum mit vielen anderen Menschen, haben weniger Raum, um uns zu entfalten, und der Privatraum ist häufig weniger abgegrenzt gegen den Raum der anderen, da wir in Wohnungen in Mehrfamilienhäusern leben.

Ebenso ergeht es unseren Hunden. Nur dass sie nicht verstehen, warum wir so leben.

Herdenschutzhunde legen den allergrößten Wert auf Abstand, Raum um sich, Distanz zu anderen. Sie haben eine große Individualdistanz und sorgen dafür, dass diese gewahrt wird. Es ist fraglich, ob ein Kangal oder Landseer wirklich gern in der Stadt leben möchte und sollte.

Hütehunde sind sehr empfindsam gegenüber Außenreizen und neigen dazu, in reizstarker Umgebung überfordert zu reagieren, weil sie sich schlecht abgrenzen können. Will ich mit einem Hütehund im städtischen Umfeld leben, muss ich dafür sorgen, dass mein Hund frühzeitig lernt, zwischen wichtigen und unwichtigen Reizen zu unterscheiden.

Auch ein Hovawart hat eine große Individualdistanz, die er gewahrt sehen möchte.

Territorial veranlagte **Jagdhunde** teilen ihren Aktivitätsraum ungern mit fremden Hunden und müssen lernen, dass andere auch ein Nutzungsrecht im öffentlichen Park haben.

Treibhunde sind zwar häufig intolerant gegenüber fremden Hunden, aber flexibler im Umgang mit Außenreizen. Sie sind nicht so sensibel wie Hütehunde und nicht so unflexibel wie Herdenschutzhunde. Ihre „Stadttauglichkeit" ist abhängig von der Erziehung, die sie durch ihre Menschen genießen dürfen. Lernen sie frühzeitig sozialverträglich zu interagieren oder unerwünschte Kontakte zu vermeiden statt offensiv vorzugehen, dann sind sie besser für ein Leben in der Stadt gerüstet als die hypersensiblen Hütehunde.

Bauernhunde sind auf ihr Territorium festgelegt, können aber aufgrund ihrer nicht übermäßig entwickelten Sensibilität die Turbulenzen des städtischen Lebens ertragen.

Für alle ernsthaft territorialen Hunde gilt: Die Erziehung, die wir ihnen angedeihen lassen entscheidet darüber, wie sie sich in unser städtisches Leben integrieren können. Nur wenn wir ihre territorialen Ambitionen verstehen und ihnen erklären, dass wir für alle Fragen der Sicherheit zuständig sind, werden sie an unserer Seite zufrieden mit uns leben können.

Revierverhalten: Markieren hat eine Bedeutung!

Städte und Gemeinden geben Unsummen für die Beseitigung von Graffiti aus. Was wird da entfernt? Meist sind es „Tags", die individuellen Erkennungszeichen der Sprayer. Sie markieren mit ihren „Tags" die Wände, nehmen sie in Besitz und je schwerer ein „Tag" zu setzen ist, desto größer ist die Anerkennung der anderen dafür.

Wir ziehen Zäune, wir kennzeichnen unsere Autos mit Nummernschildern, wir hängen uns Schilder mit unseren Namen an die Tür. All dies dient der Kennzeichnung: Das ist mein Grundstück, mein Auto. Hier wohne ich. Nicht deins, nicht du. Wir markieren unser Territorium und unseren Besitz.

Unsere Hunde tun dies auch. Nur leider kann nicht jeder Hund sein eigenes Territorium, seinen Besitz haben. Es gibt zu viele andere, mit denen er teilen muss. Was wissen wir denn über die olfaktorische (geruchliche) Diskussion, die unser Hund mit anderen Hunden führt? Wir erkennen Markierstellen häufig nur, wenn das Gras vergilbt und später extra stark wächst, wir registrieren verfärbte

Territorial veranlagte Hunde wie dieser Shar Pei wollen viel und oft ihr Territorium markieren.

Stellen an Häuserwänden und kahle Äste an Sträuchern. Aber wir wissen nicht, wer, wann und wie oft markiert.

Gehen wir morgens die erste Runde mit unserem Hund, löst er sich vielleicht an mehreren Stellen. Und Nachbars Lumpi pinkelt eine halbe Stunde später an exakt den gleichen Stellen drüber. Tag für Tag. Ein ganzes Leben lang. Jeden Morgen ein „Tag“ auf den Kotflügel der Familienkutsche gesprayt. Fänden wir das gut?

Wäre es da nicht besser, unserem Hund zu vermitteln, dass wir uns außerhalb unseres Hauses und Gartens auf neutralem Boden befinden? Das Markierverhalten der anderen wird nicht beantwortet, es entstehen keine Diskussionen. Dabei ist es unerheblich, ob Rüden oder Hündinnen markieren. Bei beiden hat es die Intention, Konkurrenten abzuschrecken. Dabei geht es um sexuelle oder territoriale Konkurrenz.

Im städtischen Umfeld ist es kaum möglich, Konkurrenten aus dem Weg zu gehen. Es ist gesünder und entspannter, Auseinandersetzungen zu vermeiden und dem Hund unstrategische Löseplätze zu suchen, die nicht mit einem zu großen territorialen Kontext behaftet sind. Hunde können sich an einer Stelle komplett lösen. Auch die „Rüden-Blase“ muss nicht mehrfach entleert werden.

Ich bin mit meinen Hunden, als ich noch in der Stadt wohnte, zu einer Wiese gegenüber meines Wohnhauses gegangen. Dort bin ich zu Beginn so lange auf und ab auf einer Strecke von etwa 25 Meter geschlendert, bis sie sich gelöst haben. Erst dann sind wir losgegangen.

Heute fahre ich häufig mit dem Fahrrad und den vier Hunden los. Bevor wir starten, gehen sie auf das Hunde-WC neben dem Haus. Das ist eine abgetrennte Fläche, die nur als Lösestelle für die Hunde dient. Anschließend fahren wir in die Landschaft und ich suche eine geeignete Stelle für die Beschäftigung mit den Hunden (Futterbeutel suchen, apportieren, Hetzjagden an der Reizangel usw.). Abschließend fressen sie aus den Futterbeuteln und wir fahren zurück. Unterwegs schicke ich sie eventuell noch einmal an einer Wiese zum Hunde-WC, sodass sie zu Hause entspannt in ihren Verdauungsschlaf sinken können.

Ich kann mit meinen Hunden an aggressiv im Garten bellenden oder senkrecht in der Leine stehenden Hunden problemlos vorbeifahren. Sie glauben mir, dass sie das nicht betrifft. Würde ich meine vier Hunde markieren lassen, würde ich mit dem Fahrrad an der Straße keine 20 Meter weit kommen, ohne anzuhalten.

Welpen wollen noch nicht markieren. Sie wünschen sich eine sichere Lösestelle, an der sie sich keine Sorgen um fremde Hunde machen müssen. Müssen sie sich auf öffentlichen Flächen lösen, versuchen sie sich häufig im Gebüsch zu verbergen, um keinen fremden erwachsenen Hund zu provozieren.

Auch wir fühlen uns in unserem Badezimmer wohler als auf einer öffentlichen Toilette. Als Bewohner einer Stadt sollten wir uns verantwortungsbewusst umschauen und einen geeigneten Platz zum Hunde-WC für unseren Hund auswählen. Wenn ich dann den WC-Gang mit einem Signalwort wie „Pipi“ oder „Mach mal“ belege, kann mein Hund lernen, sich auf mein Geheiß hin zu lösen und ich kann meinem territorial ernsthaften Hund die Entscheidung abnehmen, den richtigen Ort auszuwählen.

Meine Wiese, mein Park, meine Straße?

Die klassische Hundewiesen-Situation: Mehrere Menschen stehen in einer Gruppe mittig auf einer Wiese. Sie sind intensiv mit verbaler Kommunikation beschäftigt und vertieft in Informationsaustausch über Gott, die Welt, ihre Hunde und allerlei andere interessante Details des täglichen Daseins. Um sie herum hält sich eine Armada von Hunden auf, die in erweiterter Individualdistanz von 5 bis 20 Meter Aufstellung genommen hat, um sämtliche Eindringlinge in das temporäre Territorium abzuwehren, abzufangen, anzuzeigen, zu stellen, zu verbellen, zu checken oder, wenn bekannt und toleriert, zu begrüßen.

Wehe dem, der ahnungslos mit seinem Hund in eine sich täglich treffende Mensch-Hund-Gruppe gerät! Sein Hund wird sich eventuell genötigt sehen, die Beine in die Hand zu nehmen und Sprinterqualitäten zu beweisen, bevor er, von der Truppe eingeholt und zurechtgestutzt, passieren darf. Noch spannender wird es, wenn zwei Gruppen sich treffen. Welche Gruppe hat das stärkere Auftreten? Welche Gruppe die machomäßigeren Rüden, die zickigeren Hündinnen, die größere Anzahl submissiver Schnösel, die als Fußvolk dienen?

Natürlich ist ein Aufeinandertreffen von Hunden nicht immer mit Problemen behaftet. Selbstverständlich lernen die Hunde, wem gegenüber sie sich wie zu verhalten haben, wem die Wiese, wem der Park gehört. Sie passen ihr Verhalten an und so sieht man immer wieder, dass sich zum Beispiel an Hamburgs Elbstränden Hundeausgehgruppen professioneller Dogwalker treffen und einander friedlich passieren. Auch meine vier Hunde weichen Hundegruppen aus und vermeiden den Kontakt oder eine Konfrontation. Sie drücken durch leises Fiepen ihr Unbehagen aus und sind froh, wenn ich einen Bogen gehe und sie mir folgen können.

Keine Konfrontation zu riskieren, keinen Kampf auszutragen, sich einer Gruppe oder einem einzelnen Hund gegenüber submissiv (unterwürfig) zu verhalten, bedeutet nicht, dass ein Hund keinen Stress hat! Er begleitet uns in dem Gefühl, einer Situation ausgeliefert zu sein, sie selbst lösen zu müssen. Unser Hund muss selbst ermessen, ob er in dem Gegenüber den wahren Herrscher des Parks oder des Viertels getroffen hat oder ob das nur ein „irgendwer" ist, der ebenso wenig zu melden hat wie er selbst. Seine Entscheidung darüber, welches Verhalten er zeigt, verursacht direkt die Reaktion des Gegenübers.

Ein Hovawart beäugt Fremde erst einmal sehr intensiv, bevor er Kontakt zulässt.

Viele Hunde haben Verhaltensmuster entwickelt, um in der Öffentlichkeit zu bestehen. Sich vor jedem anderen Hund zu Boden zu werfen, sich zu ducken und klein zu machen ist ebenso ein festgefahrenes Verhaltensmuster, das aus Unsicherheit entsteht, wie die offensive Annäherung mit Gebell und

Scheinattacke. Viele Hunde schwimmen im öffentlichen Raum, machen jeden Tag einen Spießrutenlauf durch den Park und passen sich instabilen Machtverhältnissen an, weil ihre Menschen der Meinung sind: „Hunde klären das unter sich!" Das sagt sich leicht, wenn ich einen Bernhardiner an der Leine habe.

Wenn wir mit unseren Hunden unterwegs sein wollen, sollten wir uns die vorgesehenen Wiesen, Parks und Straßenzüge bewusst ansehen: Welcher Hund geht da mit welchem Menschen spazieren? Wie verhalten sich die Hunde untereinander? Zu welchen Zeiten treffen sich welche Gruppen wo, um ihre Hunde „spielen" zu lassen? Wenn ich nette Menschen mit netten Hunden sehe, wenn ich Gruppen finde, in denen es zum guten Ton gehört, seinen Hund zu sich zu rufen wenn ein Fremder dazukommt, dann kann ich mich dieser Gruppe vielleicht anschließen – vorausgesetzt, mein Hund ist derselben Meinung.

Viele erwachsene Hunde wollen nicht mehr spielen. Ernsthaft territoriale Hunde wollen dies in der Regel nicht. Sie pflegen Kontakt mit bekannten Hunden und Menschen und verzichten auf alberne Spielchen mit albernen Hunden. Insbesondere **Herdenschutzhunde** neigen dazu, sich lieber zu vereinzeln als an fröhlichen „Playdates" teilzunehmen.

Ihr Interesse gilt eher der Klärung der Frage: Was gehört hier wem, was davon gehört mir und wer kann mich hier stören? Das bedeutet nicht, dass ein Herdenschutzhund niemals Kontakt zu anderen Hunden haben sollte. Stressfreie Begegnungen sind jedoch nur möglich, wenn mein Hund akzeptiert, dass ihm weder der Park noch die Wiese noch die Straße, an der wir wohnen, gehört. Erst wenn ihm das bewusst ist, wird er andere Hunde akzeptieren und souverän und gelassen in Begegnungssituationen agieren. Der Kontakt zu anderen Hunden hält ihn flexibel und schult seine kommunikativen Fähigkeiten, sollte jedoch bereits im Welpenalter erlernt werden.

Hütehunde sind durch ihre hohe Sensibilität besonders gut in der Lage Situationen zu analysieren. Sie erkennen genau wie andere Hunde veranlagt sind und ziehen ihre Schlüsse daraus. Leider erlebe ich oft unsichere oder übermäßig agierende Hütehunde, die Opfer ihrer Sensibilität werden. Sie sind leicht überfordert und erleben häufig, dass ihre feine Kommunikation von anderen Hunden und Menschen nicht verstanden oder missachtet wird.

Treib- und Bauernhunde sind nicht so sensibel und leiden nicht so leicht unter „Kommunikationsmissständen". Sie empfinden es sicher als ebenso überflüssig in Spaziergehgruppen ihren Platz behaupten zu müssen, zeigen aber weniger leicht Unsicherheiten als Hütehunde.

Doch aufgrund ihrer ausgeprägten territorialen Veranlagung muss ich ihnen als Hundehalter genauso sorgfältig erklären, dass sie nicht der Besitzer der öffentlichen Grünanlagen sind, wie den anderen ernsthaft territorial veranlagten Hunden.

Etliche der **territorial veranlagten Jagdhundrassen** zeichnen sich durch eine besondere Athletik aus. Der Rhodesian Ridgeback ist ein Langstreckenhetzhund, der über Ausdauer, Schnelligkeit und Stärke verfügt und sich dessen meist auch bewusst ist. Die Deutsche Dogge beeindruckt oder beängstigt andere Hunde allein schon durch ihre Größe und ein Weimaraner ist enorm schnell, wendig und kraftvoll. Wenn diese Hunde gern allein auf einer Hundewiese sein möchten oder demonstrieren wollen, wie überlegen sie anderen Hunden sind, dann gelingt ihnen das meistens.

Hunde mit einer erwachsenen Veranlagung wollen nicht mit jedem Hund spielen, ebenso wenig wie wir jedem im Einkaufszentrum die Hand schütteln mögen!

Generell sollten wir beobachten, ob unsere Hunde Hundebegegnungen wirklich mögen, und könnten dann entscheiden, ob wir dem großen „meet and greet“ eher ausweichen oder uns hineinbegeben wollen. Egal ob ich einen Herdenschutzhund, Treib- oder Hütehund, territorialen Jagdhund oder Bauernhund

Die Deutsche Dogge beeindruckt schon allein durch ihr Erscheinungsbild.

an meiner Seite habe: Er wird den öffentlichen Raum, wenn ich dies zulasse, für sich beanspruchen und versuchen, mögliche Konkurrenten fernzuhalten.

Das „Fernhalten“ kann von souveränem Auftreten mit erhobenem Kopf und fixierendem Blick in Richtung des näher kommenden fremden Hundes bis zur angstaggressiven Scheinattacke reichen. Ich sollte nicht erwarten, dass mein Hund sich darüber freut, von anderen ausgiebig beschnuppert und umkreist zu werden, sich vor die Nase markieren lässt, ohne sich zu ärgern, oder sich freudestrahlend von einer Hundegruppe absorbieren lassen möchte. Hunde suchen Anschluss und Orientierung. Die sollten sie bei uns finden.

Bei Hundebegegnungen begleite ich meine Hunde, um ihnen so zu zeigen, dass ich dafür sorge, dass die Spielregeln der Höflichkeit eingehalten werden. Zeigen meine Hunde unangemessenes Verhalten, werden sie von mir ebenso ermahnt, wie ich einen fremden Hund anspreche und eventuell abdränge, wenn er meine Hunde provoziert.

In aggressive Auseinandersetzungen mische ich mich nur ein, wenn ich weiß, dass ich die Situation beherrschen kann. Ich habe schon einem sich aggressiv nähernden Hund meinen Rucksack entgegengeworfen, um zumindest ein bisschen Eindruck zu schinden und Zeit zu gewinnen. Meine Hunde konnten so bemerken, dass ich mich für sie einsetze und ihr Vertrauen in mich wurde gestärkt.

Kritische Begegnungen sollten zunächst auf sichere Entfernung geübt werden, damit der Mensch kein Risiko eingeht und Entspannung vermitteln kann.

Selbstverständlich können wir Menschen nicht jede Situation klären, können nicht jeden Hund einschätzen oder andere Hundehalter zu Rücksichtnahme verpflichten. Wir können uns jedoch darum bemühen, unseren Hund lesen zu lernen, seine Ängste, Unsicherheiten und seine vielleicht provokante Seite zu erkennen. Ebenso aufmerksam sollten wir unsere Umwelt und andere Hunde beobachten, ihre Kommunikation verstehen lernen und so Konflikten und Stress vorbeugen. Uns eröffnet sich eine spannende neue Welt!

Konkurrenten unterwegs

Das Wort Konkurrenz (lat. concurre = zusammenlaufen, um die Wette laufen, Wettbewerb) kann man auch definieren als Rivalität um Ansehen, Macht oder Zuneigung, besonders im privaten Bereich oder der Politik. In der Ökologie ist der Wettbewerb zwischen verschiedenen Lebewesen um knappe Ressourcen gemeint.

Hunde müssen miteinander scheinbar nicht um Ressourcen konkurrieren, da sie ja von uns ein Dach über dem Kopf, Futter im Napf und Zuwendung bekommen. Braucht es noch mehr? Worum geht es bei Auseinandersetzungen zwischen zwei Rüden oder Hündinnen?

Auffallend ist, dass die Häufigkeit der ernsthaften, aggressiven Aufeinandertreffen bei Hündinnen nach der ersten Läufigkeit immens ansteigt und Hündinnen, die vor der ersten Läufigkeit kastriert wurden, deutlich seltener Konflikte mit anderen Hündinnen austragen. Worum also geht es?

Mit der ersten Hitze werden die Hündinnen geschlechtsreif, sie könnten sich also theoretisch auf Partnersuche begeben und eine Familie gründen. Würden sie in ihrem Hunderudel leben und wären mental und körperlich stark, souverän und ernsthaft veranlagt, würden sie wahrscheinlich ihre Eltern verlassen und selbst Welpen haben.

Dieses Verhalten zeugt sowohl von der biologischen Uhr, die in uns Säugetieren tickt, als auch von dem Dilemma, in dem wir als Hundehalter stecken. Wir wollen unseren Hunden ein möglichst artgerechtes Leben ermöglichen, möglichst wenig in ihre natürlichen Verhaltensweisen eingreifen und ihren Körper gesund und unversehrt lassen.

Gehen wir daher das Risiko ein, zeitlebens unserer Hündin mit bangen Blicken um die Ecken gucken müssen, um vorzubeugen, dass wir unerwartet auf eine andere Hündin oder einen unkastrierten Rüden treffen könnten, die unserer Hündin als Konkurrenten um die tollsten Hundejungs und ihr Territorium erscheinen?

Unkastrierte Rüden zeigen häufig machoartige Züge, indem sie sich groß machen, die Rute hoch tragen und umherstolzieren, als wenn sie dafür bezahlt würden. Sie werden dafür bezahlt: mit dem Respekt der anderen Hunde, mit

Junge Hunde wie dieser Bearded Collie müssen lernen, sich gegenüber älteren respektvoll zu verhalten, damit sie sich keinen Ärger einhandeln.

der Bewunderung und Zuwendung von Hündinnen, mit den Blicken des stolzen Frauchens, den Raufspielchen, die Herrchen mit ihnen macht, weil sie ja „ein ganzer Kerl" sind.

Hunde taumeln von der Welpenzeit in die Vorpubertät, erste Anzeichen der sexuellen Reifung machen sich bemerkbar und plötzlich gibt es massiven Ärger.

Nachbars Lumpi, der dem Welpen noch die kalte Schulter gezeigt hat, verpasst dem jungen Schnösel eine aalglatte Abreibung, damit dieser sich sicher sein kann: Der erste Rüde am Platz ist und bleibt Lumpi. Und der junge Schnösel lernt daraus: Solange ich nicht genauso stark bin wie Nachbars Lumpi, halte ich die Hundeschnauze und warte ab. Wenn in der Straße drei Lumpis wohnen und auf der Hundewiese eine wahre Lumpikolonie ihr Stelldichein gibt, dann wird der junge Schnösel in Kürze auch ein Lumpi sein – vorausgesetzt wir lassen dies zu.

Wir können der Hundedichte in unseren Breitengraden Rechnung tragen und „gefährdete" Hunde früh kastrieren lassen oder von Beginn an bei Hundekontakten auf die Sicherheit unseres Hundes achten. Für den eigenen Hund einzutreten, ihn eventuell auf den Arm zu nehmen, wenn eine Situation unübersichtlich wird, ist aller Ehren wert. Für unser Kind würden wir das selbstverständlich auch tun und wir tragen für das Leben und Wohlbefinden unseres Hundes die gleiche Verantwortung wie für ein Kind, da beide vollkommen abhängig von uns sind.

Hunde können auch territoriale Konkurrenz entwickeln, die nichts mit sexueller Aktivität, sondern mit der jagdlichen Veranlagung zu tun hat. Das Territorium einer Gruppe von Beutegreifern ist immer so groß, dass genügend Beutetiere zur Verfügung stehen und die Gruppe sich somit ernähren kann. Konkurrenz um die Beute wird nicht geduldet. Löwen und Hyänen führen wahre Kriege miteinander, und zwar nicht vornehmlich um das tote Gnu, sondern um das Jagdrevier.

Unsere Hunde müssen nicht mehr jagen, sie kriegen ihr Essen von uns frei Haus. Sie würden es aber gern und teilen ihr potenzielles Jagdrevier für zukünftige Jagdausflüge ungern mit anderen.

Immer wieder liest man von marodierenden Hundegangs, die im Grüngürtel der Städte gemeinsam wildern. Diese Gruppen stellen Zweckgemeinschaften dar und die Halter der einzelnen Hunde würden wahrscheinlich Stein und Bein schwören, dass ihre Hunde nicht jagen. Viele Hunde trauen sich eine ernsthafte Jagd allein nicht zu, finden sie jedoch eine Gruppe, die sie mitnimmt, sind sie begeistert dabei. Und so eine Jagdgemeinschaft teilt ihr Revier nur sehr ungern!

Konkurrenz kann zwischen Hunden auch wegen Ressourcen entstehen. Der Ball der auf der Wiese geworfen und von einem anderen Hund auch für interessant befunden wird, kann schnell zum Streitobjekt werden.

Um unseren Hunden gerecht zu werden, sollten wir versuchen, immer wieder ihren Blickwinkel einzunehmen, uns fragen, ob wir gerade unsere Bedürfnisse oder die unseres Hundes befriedigen.

Die heile Hundewelt, in der alle Hunde nett miteinander sind und unentwegt spielen wollen, die frei sein wollen und dürfen, ohne einen Gedanken an Wild oder Territorium zu verschwenden, ist ein menschliches Hirngespinst. Wir sollten das zum Wohl unserer Hunde akzeptieren.

Der ernsthaft territoriale Hund auf dem Land

Das Landleben unterscheidet sich heute nicht mehr so sehr vom Leben in der Stadt, wie das noch vor fünfzig Jahren der Fall war. Auch auf dem Land gibt es öffentlichen Raum, Autoverkehr, Stress und starke zivilisatorische Reize. In der Natur kommen jedoch einige Faktoren hinzu. Wildgerüche treten gehäuft auf, die Dichte der Bevölkerung nimmt ab, einzelne Menschen treten eher in den Blickpunkt als in der Stadt.

Hunde verhalten sich auf dem Land oft territorialer als in der Stadt.

Für einen Hund ist es einfacher, aus der Stadt aufs Land zu ziehen als vom Land in die Stadt. Lärm, Hektik, die Menschen- und Hundemengen werden gern vergessen. Umgekehrt ist die Gewöhnung an die städtischen Reize bei einem erwachsenen Hund nur sehr langsam und mit Geduld zu erreichen, es gibt jedoch auch Hunde, die sich nicht an das Stadtleben gewöhnen können.

Das Territorialverhalten tritt im ländlichen Umfeld meist stärker zutage als im städtischen Raum.

In unserer nächsten Umgebung liegt ein wunderschöner Reiterhof. Die Gebäude sind mit einem Wall gegen die umgebenden Wiesen abgeschirmt, die Pferdeweiden liegen dahinter. Mindestens zwei Hunde bewegen sich auf dem Grundstück frei und melden sich lautstark, wenn ich in etwa 80 Meter Abstand mit meinen

Hunden am Fahrrad vorbeifahre. Soweit ich es sehen konnte, handelt es sich um mindestens einen Australian Shepherd, der vom Wall aus zu uns sein „Bleibt weg!" herüberbellt. Er käme nicht auf die Idee, uns zu nahe zu kommen, und auch wir würden die Distanz von 25 Meter zur imaginären Grenze nicht unterschreiten. Da meine Hunde nicht der Meinung sind, der Weg gehöre ihnen, können wir entspannt passieren.

Hunde ziehen und nehmen Grenzen wahr, von denen wir manchmal kaum etwas ahnen. Auf dem Land haben viele Hunde mehr Freiraum, bewegen sich auf nicht eingezäunten Grundstücken frei oder finden Schlupflöcher in Zäunen, die von ihren Menschen nicht gestopft werden. Da die Straßen fern oder wenig befahren sind, werden den Hunden weniger Grenzen gesetzt. Sie verhalten sich auf „ihren" Grundstücken territorialer, die Grenzen legen sie fest.

Schäferhunde sind wie alle Hütehunde Sichtjäger und nehmen jede Bewegung schon aus großer Entfernung wahr.

Hunde, die aus der Stadt in ein dörflicheres Umfeld ziehen, entwickeln sich ihrer Veranlagung entsprechend weiter. Ein jagdlich stark veranlagter Hund, der in den Parks der Stadt noch über Vögel und weit entfernte Kaninchen hinwegsehen kann, der den Ententeich, an dem Familien die trägen Enten füttern, links liegen lässt, wittert auf dem Land Morgenluft. Keine sterilen Grasflächen, keine scheintoten Thujahecken, sondern lebendige Knicks und spannende Wiesen laden zum Schnuppern, Aufstöbern, Hetzen, Jagen und Fressen ein. Wühlmäuse, Kaninchen, Rehe, Hasen, Fasanen, Wildschweine könnten geerntet werden! Wenn da nicht der ahnungslose Mensch im Wege stünde.

Manch ein gelangweilter „Stadthund" erwacht aus seinem Dämmerschlaf, wenn die Gerüche, der weite Raum und die Aussicht auf eine „echte" Jagd locken. Wir dürfen unseren Hunden dies nicht übel nehmen. Es entspricht ihrem natürlichen Verhaltensspektrum und ist im städtischen Umfeld nur bis dahin nicht zum Tragen gekommen.

Wir Menschen brauchen gute und ernsthafte Argumente, um unsere ambitionierten Jagdhunde davon zu überzeugen, sich lieber mit uns als mit der wilden Jagd zu beschäftigen.

Hunde in der Stadt sind Menschenmengen gewohnt. Das bedeutet nicht, dass sie es gern mögen, von Hunderten Beinpaaren umgeben zu sein, aber im Laufe ihres Lebens stellt sich normalerweise eine Duldung der Situation ein. Auf dem Land kann derselbe Hund, der eben noch mit auf Café-Tour im Szene-Viertel war, einzelne Menschen verbellen und stellen mit einem deutlichen: „Hier kommst du nicht durch!“

Vor einigen Jahren zog ein junges Paar, das mit seinem Weimaraner bei Stadt-Mensch-Hund trainierte, aus einem der belebtesten Hamburger Stadtteile aufs Land, der Familienplanung und dem Hund zuliebe. Ihr Erstaunen war groß, als ihr „massenerprobter“ Hund auf dem Deich einen einzelnen Spaziergänger ernsthaft verbellte und anknurrte.

In der Nähe seines neuen Domizils, das er nicht wie in Hamburg mit anderen Mietparteien teilen musste, erweiterte er sein Verhaltensspektrum schlicht um eine typische Eigenschaft der Weimaraner: Territorialverhalten und Schutz von Person und Ressource (Haus und Hof).

Glücklicherweise verstanden seine beiden Menschen die Zusammenhänge und begrenzten den Freiraum des jungen Rüden so, dass er einsehen konnte, dass er weder für das riesige Haus noch das Grundstück oder die nähere Umgebung verantwortlich war.

Herdenschutzhunde sind, unabhängig von städtischen oder ländlichem Umfeld selten sehr jagdlich veranlagt. Bei den Herden ernähren sie sich eher von kleinen Nagetieren, die sie während einer ruhigen und „arbeitsfreien“ Phase ausgraben, als dass sie eine Hetzjagd versuchen. Dazu würden ihnen auch schlicht die körperlichen Fähigkeiten fehlen. Auch wenn ihr Jagdinstinkt nicht so stark ausgeprägt ist wie bei den Treib-, Hüte- und territorialen Jagdhunden, nehmen sie die Gerüche ihrer Umgebung intensiv wahr. Sie haben nur andere Prioritäten und so interessiert es sie mehr, ob ein fremder Hund oder unbekannter Mensch in ihr Territorium eingedrungen ist, als das Kitz, das im Gras versteckt liegt.

Ich erinnere mich noch sehr deutlich an einen Bernhardiner, der hinter einem kleinen Jägerzaun lautstark seinen Garten gegen Passanten verteidigte. Er war recht jung und hatte noch nicht die Souveränität, um die Spaziergänger mit einem strengen Blick in Schach zu halten. Obwohl er jederzeit den Zaun hätte überwinden

Gerüche werden von allen Hunden intensiv wahrgenommen und wecken immer großes Interesse.

können, blieb er dahinter, da sein Interesse nicht etwa der Exploration der öffentlichen Fläche, sondern vielmehr der Einhaltung seiner Grenzen galt: Ihr kommt hier nicht rein und ich will hier nicht raus!

Wenn ich also mit meinem Herdenschutzhund unterwegs sein möchte, sollte ich dafür Sorge tragen, dass er von Beginn an seine Lebensumwelt kennenlernt. Sonst bedeutet jeder Ausflug Stress und weder Mensch noch Hund haben Freude an gemeinsamen Unternehmungen.

Bauernhunde sind zwar flexibler und jagdlicher orientiert als Herdenschutzhunde, sie setzen jedoch ihre territorialen Interessen eindeutig durch. Sie neigen nicht dazu, ihr Territorium ständig zu erweitern, sondern bevorzugen eingetretene Pfade und bekanntes Terrain, entwickeln dort aber sehr schnell ein „meins"-Gefühl, dem wir vorbeugen müssen.

Für alle territorial veranlagten Hunde gilt ebenso wie im städtischen Umfeld: Markieren bedeutet Besitzanspruch. Auch wenn anerkannte Hundefachleute behaupten, das Markierverhalten keine Bedeutung habe, vertrete ich dennoch diese Meinung und mache da keinen Unterschied zwischen Stadt und Land.

Hütehunde finden auf dem Land alles, was sie sich zum Leben wünschen können. Es gibt relativ wenig zivilisatorische Reize (Autos, Menschenmengen, Geräuschkulisse), ausreichend Platz, um den auf Bewegung spezialisierten Hütehundblick kreisen zu lassen, und genug jagdliche Reize, um geistig (und wenn man sie lässt auch körperlich) ausgelastet zu sein. Häufig werden diese intelligenten Hunde jedoch von den jagdlichen Reizen mittels ermüdendem und sinnentleerten Ballspiel abgelenkt und entwickeln sich zu hysterischen Junkies, die Stunde um Stunde einem Bällchen hinterherschießen auf Kosten ihrer körperlichen und geistigen Gesundheit.

Treibhunde nutzen den Ball eher als eine Ressource, die sie zur Kommunikation mit ihrem Menschen oder anderen Hunden einsetzen. Sie entscheiden wann und ob der Ball zurückgegeben wird – falls sie ihm überhaupt hinterherjagen.

Auf dem Land kann der Hütehund seinen auf Bewegung spezialisierten Blick schweifen lassen.

Richtige Beschäftigung für territoriale Hunde

Bestünde das Leben unsere Hunde nur aus Fressen, Schlafen, Lösen, Gestreichelt-Werden, Bewegung beim Spazierengehen und gelegentlichen Hundekontakten, dann würden wir ihrer Veranlagung, ihrer Geschichte und ihren großartigen Fähigkeiten nicht gerecht.

Heute wird sich sicher jeder Hundehalter darüber im Klaren sein, dass es notwendig ist, seinem Hund eine Möglichkeit zur Beschäftigung anzubieten. Die Beschäftigungsmöglichkeiten reichen von einfachen Spielen mit Apportierspielzeug wie Ball, Stock, Frisbee und Kong über sozial relevante Aufgaben als Therapiehund, Seniorenbesuchshund und Rettungshund bis hin zu Hundesport wie Agility, Flyball, Longieren oder Obedience. Auch der Schutzdienst gilt bei einigen Hundehaltern als Hundesport und somit Beschäftigung.

Letztendlich kommen viele der Beschäftigungsmöglichkeiten aus den Bereichen, in denen Hunde „berufsmäßig" eingesetzt werden. Im Katastrophenschutz (Flächensuche, Trümmersuche, Mantrailing, Lawinensuchhund usw.), Diensthundebereich (Drogensuchhund, Sprengstoffsuchhund, Schutzdienst usw.), Service (Therapiehund, Blindenführhund, Servicehund für Menschen mit einer Behinderung, Besuchshund usw.) und Jagdgebrauch (Schweißarbeit, Fährtenarbeit, Dummyarbeit usw.)

Im Folgenden möchte ich die Beschäftigungsmöglichkeiten vorstellen, die für Hund und Mensch gleichermaßen sinnvoll erscheinen, und möchte Anregungen zu Sinngebung und Bedeutung einiger Formen der gemeinsamen Aktivität von Mensch und Hund geben.

Dieser Collie hat eindeutig Spaß an der Arbeit mit dem Treibball.

Hunde suchen Sinn!

Auf der Suche nach einer sinnhaften Beschäftigung für unseren Hund gibt es vier Fragen, die wir uns stellen sollten:

- Hat mein Hund an der angebotenen Beschäftigung wirklich Spaß?
- Habe ich an der Beschäftigung mit meinem Hund wirklich Spaß?
- Ist es für meinen Hund wertvoll, diese Beschäftigung mit mir auszuüben?
- Ist das Beschäftigungsangebot für meinen Hund geistig, körperlich und seelisch zuträglich?

Woran erkenne ich, ob mein Hund Spaß mit mir hat?
Spaß ist nicht gekennzeichnet durch Aufregung. Ein Hund, der bellt, anspringt und ungeduldig ist, hat keinen Spaß, sondern Stress. Er befindet sich in einer Erwartungshaltung und ist maximal angespannt. Seine Aufregung könnte die Empörung darüber sein, dass sein Mensch wieder einmal Dinge tut, die sich der Kontrolle des Hundes entziehen. Beim Agility sieht man oft Hunde, die ihre Menschen vor dem Start und nach Beenden des Parcours anspringen und wie verrückt bellen. Sieht man sich dann Nahaufnahmen des Teams im Parcours an, muss man feststellen, dass der Hund Stressmimik (langer, schmaler Mundwinkel, zurückgelegte Ohren) zeigt und sichtbar nicht begeistert ist, dass er durch die Hürden gebremst im Wettrennen mit seinem sonst so langsamen Menschen kämpfen muss. Das ist kein Spaß!

Dieser Schäferhund hat ein Erfolgserlebnis beim Lösen einer Aufgabe.

Einige Hunde nutzen Freiräume, um mehrfach durch die angebotenen Hindernisse wie den Tunnel zu flitzen. Dies kann sowohl ein Zeichen von Spaß seitens des Hundes sein oder schlicht der Angabe dienen: „Seht her, was ich kann." Das zeigt dann zwar einen gewissen Spaß auf Seiten des Hundes, aber keine Freude an der gemeinsamen Beschäftigung von Mensch und Hund. Einige Hunde bieten jedoch ihren langsamen Menschen die freiwillige und nicht angewiesene Bewältigung von Hindernissen als „vorauseilenden Gehorsam" an, ganz nach dem Motto: „Da soll ich doch sowieso hindurch, oder?"

Um diese Situationen richtig zu interpretieren, sollte ich mir bewusst darüber sein, ob mein Hund es schätzt, mit mir aktiv zu werden, oder ob er mich lieber auf einer Parkbank wüsste, auf der ich unbeschadet seine hündischen Ausflüge überstehe.

Wenn mein Hund mir freie Beweglichkeit zugesteht und gemeinsam mit mir die neue Beschäftigungsmöglichkeit ausübt, ohne mich durch Bellen und Anspringen zu korrigieren. und sich ohne Belohnung/Bestechung durch Leckerchen engagiert, hat er mit mir Spaß.

Was ist geistig, körperlich und seelisch zuträglich für meinen Hund?

Die körperliche Aktivität sollte sich der individuellen Veranlagung des Hundes anpassen, seinem körperlichen Entwicklungsstand Rechnung tragen und seine körperlichen Fähigkeiten schulen. Einer Dogge sollte ich im Wachstum keine monotonen belastenden Bewegungsabläufe abverlangen, kann aber das Zusammenspiel der hinteren und vorderen Extremitäten durch das scheinbar einfache Steigen über am Boden liegende Autoreifen fördern. Das erfordert viel Konzentration von großen Hunden, die häufig Probleme mit der Koordination haben. Doch warum sollte mein Hund über Autoreifen steigen? Zum einen, weil ich es ihm vormache und ihn motiviere, mir zu folgen, und zum anderen, weil die Autoreifen sehr gut in ein sinnvolles Spiel einbezogen werden können. Ich kann in den Autoreifen etwas verstecken, was mein Hund suchen und mir dann apportieren soll.

Da viele ernsthaft veranlagte Hunde keine Freude daran hätten, ein Bällchen zu suchen oder zu apportieren, und infantilere Hunde (wie viele Hütehunde) ja nicht zu Balljunkies gemacht werden sollten, empfiehlt es sich, die Hunde ihr Futter suchen zu lassen.

Da das Verstecken von Futterbrocken in den Reifen zur Folge hätte, dass mein Hund lernt, sich vom Boden selbst Futter aufzulesen, verpacke ich das Futter in einen Futterbeutel, der dann gesucht werden kann. Denn die selbstständige Futterbrockensuche findet ohne meine Mitwirkung statt und wird als

Dieser Sheltie protestiert lautstark gegen den Leistungsdruck.

„selbststimulierend“ bezeichnet. Hunde lernen auf diese Weise, dass sie sich ohne ihren Menschen versorgen können und dürfen. Für die soziale Beziehung von Mensch und Hund ist dies nicht förderlich!

In der Beschäftigung für meinen Hund sollte ich also ein sinnvolles Spiel mit der Förderung der körperlichen und geistigen Fähigkeiten meines Hundes im Zusammenwirken mit mir als Sozialpartner verbinden. Ein gelungenes Beispiel wäre ein gemeinsamer Ausflug des Teams ins Grüne. Im Gepäck Futterbeutel mit der Futterration des Hundes, die unterwegs für den Hund versteckt, geworfen und verloren (Hund wird auf der Spur zurückgeschickt, um den Beutel zu suchen) werden. Am Ende bekommt der Hund sein Futter aus dem Beutel und kehrt mit dem Menschen zufrieden nach Hause zurück.

Viele der bekannten Beschäftigungsmöglichkeiten zeigen einen großen Einfallsreichtum der Erfinder. Diverse Futterspiele, bei denen der Hund Apparaturen und Vorrichtungen bedient, um an sein Leckerchen zu kommen, beweisen zwar die Intelligenz unserer Hunde, werden aber schnell langweilig und fördern die Selbstständigkeit des Hundes bei der Nahrungssuche. Sie stellen keine gemeinsame Beschäftigung von Mensch und Hund dar und die Beziehung der Team-Partner wird dadurch nicht verbessert und intensiviert.

Sport oder Arbeit

Agility, Obedience, Flyball und andere Hundesportarten lassen sich wunderbar als Turnierform vermarkten. Sie wirken sich aber leider, wenn sie zu intensiv betrieben werden, negativ auf die körperliche und geistige Gesundheit des Hundes aus. Nehme ich aber den Zeitdruck und den Perfektionismus aus diesen Sportarten und verbinde sie mit Sinngebung, kann großer Spaß für beide Teampartner entstehen.

Schutzdienst wird sehr häufig mit sehr sensiblen Hunden wie Malinois, Schäferhund und Dobermann betrieben. Die Tiere werden systematisch ihrer Hemmschwelle beraubt, die bei so feinsinnigen Hunden sowieso besonders niedrig ist. Man bezeichnet sie dann als „triebig".

Rottweiler und andere Treib- und Bauernhunde haben eine weitaus höhere Reizschwelle. Bevor sie sich ernsthaft aufregen, muss schon einiges passieren. Reagieren sie dann aber aggressiv, sind sie auch wesentlich schwerer wieder zu beruhigen. Da Hunde im Allgemeinen verteidigen, was ihnen das Wertvollste ist, also ihren Sozialpartner, halte ich es eigentlich für überflüssig, Schutzdienst als Ausbildung bzw. Sport anzubieten.

Ein ausgebildeter Schutzdiensthund muss als gefährliche Waffe verstanden werden. Da Diensthunde jedoch sehr zuverlässig, schnell und eventuell ohne nachzudenken reagieren müssen, kann ich verstehen, dass mit Hunden bestimmte Verhaltensabläufe trainiert werden. Entscheidend ist dabei, wie etwas trainiert wird.

Ich bin der Meinung, dass es nicht notwendig oder sinnvoll ist, Hunde anzuschreien. Sie haben sehr gute Ohren, die den menschlichen um ein Vielfaches in der Leistung überlegen sind. Kommunikation mit dem Hund ohne laute Störgeräusche ist also auch im niedrigen Dezibelbereich möglich.

Die Idee, Hunde zum Wohle der Gesellschaft einzusetzen und sie zum Beispiel als **Therapiehunde** oder **Rettungshunde** auszubilden, kann sicher auch eine sinnvolle Beschäftigung für einen Hund beinhalten. Auch bei diesen Formen der Beschäftigung mit dem Hund sollte ich als Hundehalter darauf achten, wie mein Hund ausgebildet bzw. erzogen wird, ob mein Hund tatsächlich Spaß an dieser Beschäftigung hat und ob seine Bedürfnisse einen ähnlich hohen Stellenwert haben wie die des Menschen, dem geholfen werden soll. Ein Therapiehund, der als Stofftierersatz herhalten muss, der mit Leckerchen für seine Bemühungen bezahlt werden muss oder nicht genug Ruhezeiten in seiner Arbeit erhält, ist sicher kein glücklicher Hund.

Es gibt sehr viele Trainer, Ausbilder, Lehrgänge, Seminare oder Studiengänge, die sich mit der Ausbildung zur tiergestützten Therapie beschäftigen. Ich kenne nicht alle Programme, halte es aber für besonders wichtig, ob seriöse Tests in den jeweiligen Programmen sich mit der Eignung und Neigung des Hundes zu der für ihn gewählten Aufgabe beschäftigen. Ein möglicher Helferkomplex des Menschen sollte hierbei nicht der Antrieb sein, den eigenen Hund zu etwas zu nötigen, was er eigentlich nicht möchte.

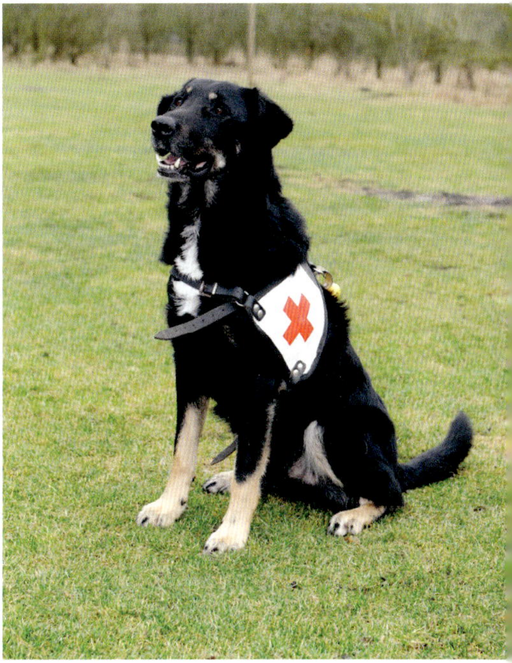

Ein Rettungshund sollte flexibel sein und seiner Bezugsperson vertrauen, da er ständig an anderen Orten zum Einsatz kommt.

Ernsthaft territoriale Hunde, besonders Herdenschutzhunde, werden es sehr schätzen, wenn sie nicht ständig an wechselnden Orten zum Einsatz kommen. Bei der Rettungshundearbeit, die ja immer an unterschiedlichen Plätzen stattfinden muss, ist es sinnvoll, die flexibleren Rassetypen einzusetzen. Herdenschutzhunde und Bauernhunde sind außerdem in der Regel für die Arbeit in Trümmerfeldern zu schwer.

Bernhardiner sind aufgrund ihrer großen Masse auch nicht mehr wie früher als Lawinensuchhunde geeignet, während Hovawarte sehr erfolgreich ihre gute Nase für das Überleben Verschütteter einsetzen.

ROUTINE IST HILFREICH

Eine im Training einstudierte Routine zu Beginn der gemeinsamen Arbeit macht es für die Hunde leichter und angenehmer, sich im Ernstfall zurecht zu finden und nicht allzu sehr über das fremde Umfeld und dessen Tücken nachzudenken. Routine sollten liebgewonnene Abläufe sein, auf die Mensch und Hund sich geeinigt haben, die Sicherheit vermitteln und den Hund auf die bevorstehende Aufgabe vorbereiten.

Mantrailing ist eine sinnvolle Aufgabe, für die sehr viele verschiedene Hunde geeignet sind.

Das Anlegen des Suchgeschirrs und die Präsentation des Geruchsartikels sind beim **Mantrailing** eingespielte Routine. Doch auch das Holen des Hundes aus dem Auto sollte bestimmten Regeln folgen, damit im Ernstfall kein Chaos entsteht.

Das Ausladen und Anschirren der Hunde beim **Zugsport** zeigt die Qualitäten des Teams. Respektvoller Umgang von Mensch mit Hund und umgekehrt sind Grundlage einer vertrauensvollen Beziehung, die Voraussetzung für den Zugsport ist, da die Hunde im Geschirr in ihrer Bewegungsfreiheit so weit eingeschränkt sind.

So romantisch diese Art der Hundebeschäftigung auch besetzt sein mag (Schlittenhunderennen), muss man sich doch nach dem Sinn für die Hunde fragen. Wohin geht die Fahrt? Ich bestreite nicht die Notwendigkeit, dass Last- und Schlittenhunde zum Transport von Material und Menschen eingesetzt werden. In unserer Zivilisation haben wir jedoch die Chance, unseren Hunden mehr zu bieten als die erschöpfende Bewegung im Zuggeschirr.

Es wird oft behauptet, dass Siberian Huskys ein natürliches Zugbedürfnis hätten. Ich denke, dass sie das Bedürfnis nach Führung haben und sinnvoller Beschäftigung. Wird ihnen dies nicht geboten, ziehen sie an der Leine wie andere Hunde auch.

Eine weitere Art der Beschäftigung für Hunde stellt das Erlernen von **Tricks** dar. Die Hunde werden dazu angehalten, unterschiedliche Bewegungen oder Gesten zu zeigen, die ihrer Funktion beraubt lustig wirken sollen. Sie stellen das Repertoire von Filmtieren dar und werden mittels positiver Verstärkung wie Leckerchen oder Clicker konditioniert.

Bei allen Formen der Beschäftigung steht die Frage der Sinnhaftigkeit im Vordergrund. Findet mein Hund einen Sinn in der gemeinsamen Aktivität oder verknüpft er die unterschiedlichen Handlungen mit Futtergabe? Macht die Beschäftigung an sich Sinn für den Hund oder bemüht er sich für ein Leckerchen, tut er es für sich und mich oder für die Bestechung?

Bei einigen der territorial ernsthaft veranlagten Hundetypen ist die Wahrscheinlichkeit, dass sie sich dauerhaft für Leckerchen engagieren, sehr gering.

Herdenschutzhunde entscheiden sehr akribisch, wofür sie sich engagieren, an welchem Tag und in welchem Maße. Bestechlichkeit durch Leckerchen ist nur insoweit möglich, wie sie gerade Appetit haben und bereit sind, in den Erwerb kleinster Appetithäppchen zu investieren. Eins erreiche ich als lebender Futterautomat bei einem ernsthaften Hund aber sicher: Er wird mich weniger ernst nehmen!

Ernsthafte Hunde können einen zeigefingerlangen Stock oder sogar einen Apfelkern stundenlang tabuisieren (keiner darf ihn nehmen), nur um zu zeigen, dass sie erwarten, respektvoll behandelt zu werden! Wie werden sie mich dann wahrnehmen, wenn ich mit Futterbröckchen um mich werfe?

Mit dem Apportieren des Futterbeutels kann man den jagdlichen Aspekt in das gemeinsame Spiel einbeziehen.

Hütehunde brauchen keine positiven Verstärker, um sich zu engagieren. Sie bringen die Bereitschaft zur Zusammenarbeit mit ihrem Menschen mit. Wenn ich ihnen eine sinnhafte Beschäftigung im Team anbiete, werden sie ihre Energie investieren. Es sei denn, sie empfinden die Zusammenarbeit mit uns Menschen als überflüssig. Dann sollte ich mich aber umso intensiver um Sinngebung bemühen, damit mein Hund die Erfahrung machen kann, dass ich ein wertvoller Sozialpartner und keine Belastung bin.

Treib- und Bauernhunde agieren viel selbstständiger als Hütehunde, engagieren sich aber mit ihrem Menschen, wenn dieser gute Argumente liefert. Wenn ich diesen Hunden das

Gefühl geben kann, dass sie mitmachen dürfen und nicht müssen, es also ein Privileg ist, gemeinsam mit mir zu agieren, werde ich begeisterungsfähige Hunde erleben.

Meine Rhodesian-Ridgeback-Hündin hat sich für Käsestückchen auf einer eingezäunten Trainingsfläche engagiert ins „Down“ geworfen und ist durch Tunnel gekrabbelt oder auf Podeste gehüpft. Verließen wir jedoch die Trainingsfläche, hat sie sich, ohne zu zögern, für die ihr sinnvoller erscheinende Jagd auf Rehe und Fasanen entschieden. Erst durch die gemeinsame Arbeit für ihr Futter im Futterbeutel und der Einbeziehung jagdlicher Aspekte hat sie ihre Passion für unser Team entdeckt! Inzwischen hat sie auch große Freude an gemeinsamer Aktion im Parcours mit Tunneln und anderen Hindernissen, die überwunden werden, um anschließend eine Hetzjagd auf den Futterbeutel an der Reizangel zu machen.

Jagdersatz

Wir haben uns im ersten Teil des Buches mit den vier Instinkten beschäftigt und festgestellt, dass alle Hunde diese vier Instinkte in sich tragen. Auch der Jagdinstinkt ist bei allen Hunden vorhanden, jedoch unterschiedlich stark ausgeprägt.

Die Jagd dient, wie bereits beschrieben, nicht nur dem Nahrungserwerb, sondern sorgt auch aufgrund der Hormonausschüttung für einen „Kick“ (Adrenalin) und Glücksgefühle (Serotonin).

Das ist der Grund, warum viele Hunde das Jagen nicht sein lassen können und warum andererseits eine Beschäftigung von Mensch und Hund, die sich mit jagdlichen Inhalten befasst, so viel Spaß und Spannung für den Hund (und den Menschen!) bedeuten kann. Dabei ist es wichtig, sowohl die Adrenalinausschüttung während der Beschäftigung als auch die Serotoninausschüttung zu aktivieren, damit der Hund nicht durch dauerhafte Steigerung seines Adrenalinlevels Stress-Symptome entwickelt und zum „Junkie“ wird.

Ich erinnere mich noch gut daran, wie ich als Kind das erste Mal mit meiner Schulklasse im Hansaland war. Ich fuhr das erste Mal in meinem Leben Loopingbahn und war davon so fasziniert und begeistert, dass ich den Rest des Tages damit verbrachte, entweder Looping zu fahren oder in der Schlange anzustehen, um so schnell wie möglich noch einmal zu fahren. Ich rannte, gerade dem Sitz entstiegen, um das gesamte Fahrgeschäft herum und stellte mich sofort wieder an. Ich sprach nur mit den Klassenkameraden, die sich mit mir anstellten, aß nur das Nötigste und konnte in der darauffolgenden Nacht kaum schlafen. Der Adrenalin-

Bei vielen Hunden sorgt eine erfolgreiche Jagd für einen Adrenalin-Kick – auch wenn es sich nur um einen Futterbeutel an der Hetzangel handelt.

Kick während der ersten steilen Bergabfahrt war fantastisch und auch heute noch empfinde ich die erste steile Kurve jeder Achter- oder Loopingbahn als absolutes Highlight! So geht es Hunden, die zu Balljunkies gemacht wurden!

Auf Dauer ist dieser „Run" nach dem Adrenalin-Kick ungesund. Besonders Hütehunde sind hier betroffen. Ihr stark entwickelter Jagdinstinkt und die enorme Sensibilität macht sie für die Sucht nach dem „Kick" anfällig.

Auch wenn Menschen entscheiden, sie spielen nur einmal in der Woche Ball, da ihr Hund sonst so aufdreht, wartet der Hund an jedem anderen Tag darauf! Wie grausam!

Wahrscheinlich wäre es schwer, einen **Herdenschutzhund** zum Balljunkie zu machen. Bei diesen Hunden ist aber auch der Jagdinstinkt äußerst gering ausgeprägt, der Territorialinstinkt dafür besonders stark. Die dadurch verursachte Ernsthaftigkeit „untergräbt" die reflexgesteuerten Handlungen in der Jagd auf bewegte Objekte. Herdenschutzhunde wollen jagen, begnügen sich aber gern mit dem konzentrierten Graben nach Mäusen. Einige von ihnen beschränken sich aber auch auf eine Jagd alle zwei Tage. Sie neigen nicht zur Euphorie und sind in allen Belangen genügsam.

Auch ein Leonberger hat Freude an dem Training mit der Hetzangel.

Eine gemeinsame Beschäftigung von Mensch und Herdenschutzhund sollte einen sehr ernsthaften Hintergrund haben, aber in der Ausführung Flexibilität, Vertrauen, Geschicklichkeit (Feinmotorik!) und die teaminterne Kommunikation fördern.

Treibhunde sind jagdlich stärker engagiert als Bauernhunde und Herdenschutzhunde. Sie sind zu einer jagdlich geprägten Beschäftigung leicht zu motivieren. Es ist jedoch ratsam, genug Ausdauer und Konsequenz mitzubringen, um ihnen die Notwendigkeit der Zusammenarbeit zu erklären. Sie neigen dazu, ihre eigenen Spielregeln einbringen zu wollen, und stellen die Souveränität ihrer Menschen gern auf die Probe. Einen geworfenen Futterbeutel beispielsweise aufzunehmen, ihn bis auf zwei Meter an seinen Menschen heranzutragen, um ihn dann demonstrativ fallen zu lassen, ist eine gute Methode, um zu testen, ob der Mensch ruhig bleibt und handelt oder ob er beginnt zu „betteln" („Bring, na bring ihn doch! Brrriiiiiiinng!!!"). Betteln ist nicht souverän und ein Zeichen von geistiger Schwäche, die ein Hund mit der Übernahme der Spielleitung beantworten wird.

Treib- und Bauernhunde setzen sich gern körperlich ein. Drängeln, Rempeln, Zwicken und Anspringen sind auch sicherlich gut, um störrische Kühe zu bewegen, sollte jedoch bei uns Menschen absolut tabu sein.

Territoriale Jagdhunde wünschen sich selbstverständlich ebenfalls eine Beschäftigung, die einen Jagdersatz darstellt. Da wir ihnen die wilde Jagd nicht gestatten, sollten wir uns also überlegen, was wir mit unseren Hunden tun können. Im Folgenden finden Sie ein paar Anregungen.

Kreativität ist gefragt!

Die Beschäftigung mit dem Futterbeutel ist eine Möglichkeit, Hunden eine Ersatzjagd anzubieten. Es geht dabei um mehr, als den Beutel zu werfen und diesen vom Hund zurücktragen zu lassen (Apportierspiele). Ich kann aus den verschiedenen jagdlichen Bereichen Aktivitäten für meinen Hund mit dem Futterbeutel übersetzen.

Wichtig ist, darauf zu achten, dass alle „Jagdersatz"-Aktionen vom Menschen freigegeben werden. Keine Hetzjagd, keine Suche ohne das Signal des Menschen („Such", „Apport"). Damit wird einer wilden Jagd vorgebeugt. Ich sollte jede Aktion erst auf den freiwilligen Blickkontakt des Hundes hin beginnen. Nur wenn mein Hund sich auf mich konzentrieren kann und will, können wir gemeinsam aktiv sein!

Verlorensuche

Der Futterbeutel wird versteckt (Hund wartet ab) und anschließend wird der Hund zum Suchen und Apportieren geschickt. Oder ich lasse den Futterbeutel fallen (Mensch und Hund sind unterwegs). Der Hund begleitet mich weiter auf meinem Weg. Ich lasse ihn dann auf der Spur zurücklaufen, um das fallengelassene Dummy zu finden. Ich kann die Strecke zwischen „fallen lassen" und „suchen schicken" beliebig, je nach Konzentrationsfähigkeit meines Hundes, verlängern.

Revieren und Stöbern

Der Futterbeutel wird auf freier Fläche ins Feld geworfen, ohne dass der Hund eine optische Orientierung erhält (ich kann den Hund zum Beispiel im Auto warten lassen). Der Hund wird dann zum Suchen geschickt und kann auf der Fläche frei suchen. Dabei gebe ich nur die äußeren Grenzen der Suchfläche vor (Stoppsignal, Richtungswechsel).

Kreativität ist gefragt, dann wird der Hund geistig gefordert und verbessert seine Geschicklichkeit.

Fährtenarbeit

Bei der Fährtenarbeit lernt der Hund, eine sogenannte Bodenverletzung aufzuspüren. Dabei wird durch Betreten von Grünflächen Vegetation abgeknickt und es werden Mikroorganismen zerdrückt. Die Verrottung dieser „Bodenverletzung“ kann ein Hund riechen. Um Sinngebung auf der Fährte zu erreichen, kann ich den gefüllten Futterbeutel an einer Schnur hinter mir herziehen und am Ende auslegen. Hat mein Hund sich bis zum Ende „geschnuppert“, bewege ich den Beutel an der Schnur (Hetzjagd), um für den Hund das Stellen und Töten der Beute nachzuahmen.

Schweißarbeit

Trockenfutterbrocken in Wasser aufgelöst oder das verdünnte Auftauwasser (Rohfütterung) können ähnlich wie Wildschweiß (Blut oder Haare, die bei einer Verwundung des Wildes austreten) eingesetzt werden. Aus einer Flasche wird eine Spur getröpfelt, an welcher der Hund dann entlangsuchen kann. Diese Spur kann ich wunderbar mit dem Fahrrad ausbringen, sodass ich problemlos längere Suchen vorbereiten kann. Am Ende findet der Hund den gefüllten Futterbeutel (gleicher Geruch wie die Spur).

Hetzjagd

Der Futterbeutel wird an einem Schnürchen gezogen oder an einer Reizangel befestigt und bewegt. Der Hund darf den Futterbeutel hetzen, sobald sein Mensch das Signal dazu gegeben hat. Dabei wird die „Steadyness“ trainiert (abwarten bei sich bewegendem Reiz, bis die Freigabe erfolgt). Wenn ein Hund dem bewegten Futterbeutel nicht widerstehen kann, hat man beim Kaninchen keine Chance!

Mit der Hetzangel kann man wunderbar die Steadyness trainieren.

Das Treiben von Bällen mit Hindernissen stellt eine besonders große Herausforderung dar.

Jagility

Die Hindernisse aus dem Sport Agility werden mit Sinngebung verbunden: Verstecken des Futterbeutels im Parcours, bei Geschicklichkeitsübungen oder Apportierübungen im Zusammenhang mit dem Parcours (Wichtig: kein Zeitdruck, keine hohen Sprünge, kein abruptes Abstoppen).

Treibball

Der Hund treibt Gymnastikbälle. Die Bälle werden (als Ersatz für Schafe) mit der Schnauze oder der Schulter in ein Tor gestupst. Die Übungen „Voranschicken", „Stopp" auf Distanz, „Rechts" und „Links" werden trainiert. In den Ball zu beißen ist tabu.

Mantrailing

Anhand der individuellen Geruchsspur eines Menschen findet der Hund eine fremde Person. Dabei wird die Konzentration geschult und eventuelle Skepsis gegenüber Fremden abgebaut (Theratrail).

Dieser Australian Shepherd apportiert auch gern aus dem Wasser.

Apportieren am Rad
Beim Fahrradfahren werden Futterbeutel fallen gelassen oder geworfen. Danach wird der Hund zum Apportieren geschickt. Die Futterbeutel werden während der Fahrt abgegeben. Das ist eine gute Vorbereitung für einen Reitbegleithund!

Wasserapport
Die Futterbeutel werden zusätzlich mit Korken gefüllt, damit sie schwimmen. Die Hunde apportieren dann aus dem Wasser. Es gibt die Übungen „Abwarten“ und „Stopp“ im Wasser.

Die Zielsetzung

Diese angeführten Beispiele sollen nur eine Anregung sein, wie ich mich mit einem ernsthaft territorialen Hund beschäftigen kann. Der eigenen Fantasie und Kreativität sind keine Grenzen gesetzt. Ich sollte mir jedoch der Perspektive meines Hundes bewusst sein. Was wir ihm anbieten, ist ein großer Teil seiner Lebensgestaltung. Das Leben unserer Hunde ist abhängig von uns. Unsere Zeit mit ihnen ist es, worauf sie warten, was ihren „Job“ ausmacht, ihren Ehrgeiz befriedigen, ihnen Selbstvertrauen, Teamgeist und ein gutes Körpergefühl geben soll. Hunde sollten das Gefühl haben, dass es wichtig ist, was sie tun, dass sie mit ihrem Engagement etwas für ihre eigene Lebensqualität tun können.

Es zeugt nicht von Lebensqualität, alles im Leben geschenkt zu bekommen und „Sohn von ...“ oder „Tochter von ...“ zu sein. Gerade die Kinder von VIPs haben zwar genug Geld, aber überdurchschnittlich oft Probleme und sind unglücklich mit der „Kind von …"-Rolle.

Ein überzeugendes Argument für die Arbeit mit dem Futterbeutel ist mir aus meiner täglichen Praxis bekannt: Hunde apportieren jedem einen Ball. Den Futterbeutel bringen sie freiwillig nur zu ihrer Bezugsperson! Warum sollte ein Hund so etwas Wichtiges wie die Futter-Ressource mit einem Fremden teilen? Die Arbeit damit fördert das gegenseitige Vertrauen, die Zusammenarbeit und gibt Hund und Mensch ein positives Gefühl im Miteinander. Die Beziehung von Hund und Halter verbessert und intensiviert sich! Hierbei zählt nicht die Quantität, sondern die Qualität! Einem Hund immer wieder den Futterbeutel zu werfen, ohne interessante Variationen oder Schwierigkeitsgrade einzubauen, ermüdet aber selbst den tapfersten Hund.

Hunde zeigen in kreativer Arbeit, die ihnen angeboten wird, großes Engagement. Sie freuen sich sichtbar darüber, schwierige Aufgaben zu bewältigen! Dabei geht es nicht darum, eine Belohnung für etwas zu bekommen, dass sie für uns getan haben, sondern ein gutes Gefühl für sich selbst zu haben.

Wenn Hunde an der Reizangel einen Futterbeutel jagen dürfen und ihn dann unter großen Mühen „gefangen" haben, sieht man sehr häufig, dass sie den Beutel „tot" schütteln, Bocksprünge vollführen und sich sehr schwer von „ihrer" Beute trennen können. Bekomme ich als Mensch dann aber diese „Beute", dann ist das ein Beweis des Vertrauens, des Teamgeistes und der Zuneigung in der sozialen Gruppe.

Ich erlebe es immer wieder, dass Menschen mit der „Futterbeuteljagd" mit ihrem Hund beginnen, dann aber sehr schnell die gemeinsame Beschäftigung abbrechen, da ihr Hund den Beutel nicht wie gewohnt ähnlich einem Ball apportiert. Ich empfehle dann diesen Kunden „dranzubleiben", weil sie sich gerade an dem Punkt befinden, ein Problem zu erkennen und lösen zu können. Problemen auszuweichen und auf die tiefere Ebene der Beziehung zu unserem Hund zu verzichten, ist ein Verlust für die Gemeinsamkeit! Auseinandersetzungen und Diskussionen schaffen Lösungen, Nähe, Verständnis und ein Miteinander.

Am Anfang einer derartigen Auseinandersetzung von Mensch und Hund müssen immer die Fragen stehen: Warum arbeitet mein Hund nicht mit mir zusammen? Wie sieht er mich, was ist das Problem? Was vermittele ich meinem Hund? Sind es vielleicht Missverständnisse in der Kommunikation zwischen Hund und Halter? Oft hilft es, sich einen kompetenten Beobachter zu suchen, der reflektieren kann, was er bei mir und meinem Hund sieht, damit ich mich als Hundehalter mit meinem Hund gemeinsam weiterentwickeln kann.

Wenn meine Zielsetzung in der Erziehung keine sinnhaften Ziele für den Hund bereithält, sondern sich ausschließlich Gehorsamkeitserziehung beschränkt, darf ich mich nicht wundern, dass mein charakterlich starker Hund nicht mitzieht.

Souverän genug für einen ernsthaft territorialen Hund

Ernsthaft territoriale Hunde sind großartige Lehrer. Sie fordern unsere Gelassenheit, Stärke, unser Charisma, unseren Humor, Führungsqualitäten, Übersicht, Empathie, Konsequenz und Bescheidenheit.

Ein **Herdenschutzhund** wird niemals einem unsicheren, hektischen, aufdringlichen also unsouveränen Menschen folgen! Zuneigung und Respekt verschenken sie nicht und Menschen, die sich anbiedern oder im Dauerkuschelmodus sind, werden diese ernsthaften Hunde nicht beeindrucken. Selbst wenn sie unsere Annäherung dulden, müssen wir mehr aufbringen, um von ihnen ernst genommen zu werden. Sie können unsere Bemühungen gelassen ignorieren und werden sich uns eher anschließen, wenn wir ihnen zu verstehen geben, dass wir sie nicht brauchen, auch wenn das ein Bluff ist.

Der Wäller vereint Skepsis und Sensibilität vom Briard mit Durchsetzungsvermögen und Selbstständigkeit vom Australian Shepherd.

Ein **Hütehund** braucht einen Fels in der Brandung, Gelassenheit, Überblick – einen Menschen, der ihm zeigt, wie man mit der Welt umgehen kann, nämlich mit Humor, Flexibilität und Selbstsicherheit. Ein Hütehund ist ein Kind, kein Partner, wird immer Führung brauchen, um mit seinem sensiblen Nervenkostüm durch die Welt zu kommen.

Bauernhunde und Treibhunde suchen klare Grenzen, einen Rahmen, in dem sie sich bewegen können, körperliche Herausforderungen mit klaren Spielregeln, die sie ernst nehmen können. Für diese Hunde muss ich auftreten können, der Umwelt und ihnen gegenüber. Eine körperliche Auseinandersetzung mittels eines Zerr- oder Raufspiels werde ich auf Dauer verlieren. Beeindrucken kann ich diese Hunde durch meine geistige Stärke: Ich weiche nicht aus, ich gehe meinen Weg, lasse mich von ihnen nicht beeindrucken und zeige eindeutige und schnelle Reaktionen. Stärke heißt nicht Härte, sondern Beharrlichkeit, Konsequenz, Stetigkeit und Zuverlässigkeit.

Alle Hunde brauchen emotionale Zuverlässigkeit. Wenn mein Hund an einem Tag mein Spielpartner, am anderen Tag mein Kindersatz und am dritten Tag mein Beschützer sein soll, kann mein Hund keine klare Beziehung zu mir entwickeln.

Ich sollte mir vor der Anschaffung eines Hundes bewusst sein, dass ich mit einem territorial ernsthaft veranlagten Hund einen Begleiter habe, der sehr komplex ist.

Die Skepsis gegenüber der Umwelt stellt mich als Halter vor die Aufgabe, selbst genug Ernsthaftigkeit zu entwickeln, um die Sichtweise meines Hundes nachvollziehen zu können und empathisch zu sein. Auf der anderen Seite sollte ich genug Gelassenheit und Humor haben, um meinen Hund flexibilisieren zu können. An einem ernsthaften Hund kann man hervorragend wachsen, muss aber auch bereit dazu sein!

Die Vorstellung, einen territorialen **Jagdhund** mit Ballspielen und Rangeleien auslasten zu können, ist sowohl für den Hund als auch für den Halter auf Dauer extrem frustrierend! Diese Hunde wollen Jobs, wollen sich spüren, wollen herausgefordert werden und jagdlichen Erfolg haben. Um ihnen gerecht zu werden, kann ich mir entweder ein eigenes Jagdrevier zulegen (was ja meist eher nicht möglich ist) oder meinen Hund bewusst beschäftigen, ihm Grenzen in Bezug auf das jagdliche Territorium und sein Verhalten gegenüber der Umwelt setzen und entsprechend meine Wahrnehmung anpassen.

Wenn wir uns zurückerinnern, woher unsere ernsthaft territorialen Hunde kommen, dann werden wir ihre Sichtweise, ihre Wahrnehmung der Umwelt schnell verstehen.

Wenn man alte Fotos aus den ersten Jahrzehnten des letzten Jahrhunderts ansieht, hat man das Gefühl, alles ging geruhsamer zu, die Menschen hatten weniger Zeitdruck als heute, weniger Reizüberflutung. Meine Großmutter hat die Entwicklung von Radio, Fernseher, Waschmaschine, Kühlschrank, Flugzeugen usw. miterlebt. Es fiel ihr zeitlebens schwer, mit den technischen Fortschritten „mitzuhalten“. Wir Menschen können jedoch geistig die Entwicklung unserer Zivilisation nachvollziehen, verstehen, was Strom, Dieselmotoren, Eisenbahnen und Flugzeuge sind und wozu sie dienen.

Durch Souveränität im Umgang mit unseren Hunden von Anfang an, werden sich auch ernsthaft territoriale Hunde sicher und geborgen fühlen.

Unsere Hunde begleiten uns seit einigen tausend Jahren. Sie haben alle Veränderungen in der menschlichen Lebenswelt miterlebt, aber nie verstanden. Sie sind auf unsere „Übersetzung", unsere Hilfe angewiesen. Ohne das Engagement, unsere Hunde einfühlsam und geduldig auf unsere Welt vorzubereiten und sie sicher durch das Wirrwarr unserer Zivilisation zu führen, leiden sie unter Stress, Reizüberflutung und psychischer Desorientiertheit.

Souveränität im Umgang mit den Hunden beinhaltet Empathie sowie erwachsenes und führendes Verhalten, Gelassenheit und Übersicht in Bezug auf die Skepsis und das Territorialverhalten unserer Begleiter und eine gleichbleibende, stabile Emotionalität und Zuneigung. Dann können sich auch territorial unsichere Hütehunde, territoriale Jagdhunde und ernsthafte Herdenschutzhunde, Treib- und Bauernhunde geborgen, sicher und wohl fühlen!

Anhang

Nachwort

Die Idee zu diesem Buch entstand aus dem Wunsch heraus, Menschen die Bedürfnisse von Hunden näherzubringen. Ich habe versucht, mir eine Vorstellung davon zu machen, wie Hunde unsere Welt sehen müssen und wie missverständlich ihnen einiges erscheinen muss. Mein weiteres Vorgehen sollte darauf ausgerichtet sein, nützliche Tipps und Erfahrungen weiterzugeben.

Im Verlauf der Arbeit an diesem Buch stellte ich jedoch fest, wie groß meine Faszination für die Spezies Hund eigentlich wirklich ist. Die Komplexität ihrer sozialen Strukturen, ihr zielgerichtetes geplantes Handeln, ihre Geschichte und ihr faszinierendes Erbe haben mich mehr gepackt, als ich erwartet hätte.

So ist dies für mich viel mehr als ein Erziehungsratgeber geworden. Ich habe begonnen, mich intensiver mit der Domestikationsgeschichte des Hundes, seiner gemeinsamen Entwicklung mit uns Menschen und unserer gegenseitigen Abhängigkeit zu beschäftigen.

Insbesondere wenn ich Herdenschutzhunden begegne, habe ich das Gefühl, der menschlichen Geschichte ebenso ins Gesicht zu sehen wie der Geschichte der Hunde. Tibet-Dogge oder Cane Corso, Siberian Husky oder Berger des Pyréneés, sie zeigen uns lebendige Geschichte unserer Kulturwerdung.

Wir verstehen unsere Hunde nicht mehr so, wie es zu Beginn unseres Zusammenlebens war, unser gemeinsames Leben hat sich verändert. Die gemeinsame Vergangenheit ist jedoch so faszinierend, dass es sich lohnen würde, darüber Bücher zu schreiben!

Wenn wir Europäer unsere Geschichte verstehen wollen, sollten wir unsere Hunde betrachten und zu verstehen versuchen. Wir sind untrennbar miteinander verbunden und sind es unseren Hunden schuldig, uns mit ihnen zu beschäftigen. Die Besiedelung der Nordhalbkugel, insbesondere um den Polarkreis herum, ist ohne Hunde nicht denkbar. Die Sesshaftwerdung der Menschen wäre ohne Herdenschützer und Wachhunde anders verlaufen, der Handel mit Vieh wäre ohne Hunde nicht denkbar gewesen. Aber auch bei den nomadisierenden Jägervölkern ist bis heute der Hund fester Bestandteil der Jagd.

Wir sollten von unserer Überheblichkeit Abstand nehmen, mit der wir uns anmaßen, auf die Spezies Hund herabzublicken als eine kritiklose, speichelleckerische Kreatur, die von uns abhängig ist. Hunde lassen sich mit Härte und Druck brechen, aber ich habe noch keinen Hund kennengelernt, der sich aus Feigheit unterordnet, um den Menschen zu gefallen und dafür gehätschelt zu werden.

Wenn wir lernen, die Kommunikation der Hunde zu interpretieren, dann werden wir bemerken, dass sich das Bild des „dummen Hundes" nicht halten lässt.

Lassen wir uns durch unsere Hunde überzeugen, belehren, ermutigen und bereichern und geben wir ihnen das zurück, was sie uns geben!

Danksagung

Am Anfang stand eine Idee, ein erster Entwurf. Doch aus dieser Idee konnte nur ein fertiges Ganzes werden, weil Menschen (und ihre Hunde) mitgewirkt und mich unterstützt haben.

Mein besonderer Dank gilt meiner Partnerin Nina, die so viele Stunden fotografiert und Bilder bearbeitet hat, mir Anregungen und wertvolle Hinweise gegeben und gemeinsame Zeit geopfert hat.

Ich danke Jan Nijboer, der durch seine Erziehungsphilosophie Natural Dogmanship®, viele Gespräche und Gedankenaustausch meine Wahrnehmung von Hunden und ihren Menschen maßgeblich verändert und so dieses Buch erst ermöglicht hat.

Allen Kunden und ihren wunderbaren Hunden, die sich in Erfahrungsberichten und auf Fotos hier wiederfinden können, danke ich für ihr Interesse, Vertrauen und ihre Bereitschaft, neue Wege zu gehen.

Mein Dank gilt ebenso den Menschen, die mir ihre Fotos zur Verfügung gestellt haben, wie den Kollegen, mit denen ich mich austauschen konnte.

Den tapferen „Erstlesern" danke ich für ihre Anregungen und konstruktive Kritik, Frau Dr. Lehari für die Mitwirkung bei der Themenauswahl.

Und ohne meine ernsthafte Rhodesian-Ridgeback-Hündin Umvuma Xandra hätte ich weder eine Ausbildung zur Natural Dogmanship® Instruktorin gemacht noch mich jemals mit dem Territorialverhalten unserer Haushunde so intensiv beschäftigt.

Quellen und Literaturempfehlung

Bekoff, Marc und Pierce, Jessica: **Vom Mitgefühl der Tiere.** Kosmos, Stuttgart 2011.

Boulanger, Robert und Trautmann Zenoni, Gabriella: **Mantrailing – Teamarbeit mit Nase und Verstand.** Oertel+Spörer, Reutlingen 2013.

Ditterich, Sabine: **Mantrailing für Jederhund.** 2009.

Eibl-Eibesfeldt, Irenäus: **Grundriss der vergleichenden Verhaltensforschung.** Piper & Co., München 1980.

Esser, Johanna: **Hunde erziehen. Die besten Hundetrainer Deutschlands.** Müller Rüschlikon, Stuttgart 2010.

Feddersen-Petersen, Dorit Urd: **Hundepsychologie.** Kosmos, Stuttgart 2004.

Feddersen-Petersen, Dorit Urd: **Ausdrucksverhalten beim Hund.** Kosmos, Stuttgart 2008.

Jansen, Karin: **Rhodesian Ridgeback richtig verstehen.** Diplomica Verlag, Hamburg 2013.

Juul, Jesper: **Aus Erziehung wird Beziehung.** Herder, Freiburg 2005.

Koslowski, Sabine: **Schweizer Sennenhunde.** Oertel+Spörer, Reutlingen 2009.

Knötzele, Peter: **Der Hund ist des Thrones wert.** Oertel+Spörer, Reutlingen 2011.

Krämer, Eva-Maria: **Der neue Kosmos-Hundeführer.** Kosmos, Stuttgart 2002.

Lehari, Gabriele: **400 Hunderassen von A-Z.** Ulmer, Stuttgart 2013.

Lehne, Anke: **Zeitgemäße Jagdhundeführung.** Oertel+Spörer, Reutlingen 2013.

Müller, Anja Carmen und Lehari, Gabriele: **Der Therapiehund.** Oertel+Spörer Reutlingen, 2011.

Nijboer, Jan: **Vom Welpen zum Familienhund.** Kosmos, Stuttgart 2009.

Nijboer, Jan: **Hunde verstehen mit Jan Nijboer.** Kosmos, Stuttgart 2004.

Nijboer, Jan: **Hunde erziehen mit Natural Dogmanship®.** Kosmos, Stuttgart 2012.

Nijboer, Jan: **Treibball für Hunde.** Kosmos, Stuttgart 2010.

Patzold, Kerstin: **Australian Shepherd.** Oertel+Spörer, Reutlingen 2011.

Reichenbach, Uta: **Wie Hunde kommunizieren.** Oertel+Spörer, Reutlingen 2011.

Reichenbach, Uta: **Kelpie.** Oertel+Spörer, Reutlingen 2012.

Reinerth, Susanne: **Natural Dogfood, Rohfütterung für Hunde.** Books on demand.

Röthig, Doris: **Rettungshundeausbildung zur Flächensuche.** Oertel+Spörer, Reutlingen 2012.

Roser, Susanne: **Sheltie.** Oertel+Spörer, Reutlingen 2011.

Schmidt, Claudia: **Kurzhaar-Collie.** Oertel+Spörer, Reutlingen 2011.

Schuhmeir, Wieland: **Problem Hund?** Oertel+Spörer, Reutlingen 2011.

Schwab, Monika: **Labrador Retriever.** Oertel+Spörer, Reutlingen 2010.

Sykes, Barbara: **Border Collies.** Oertel+Spörer, Reutlingen 2006.

Zimen, Erik: **Der Hund.** Goldmann, München 2005.

Zimen, Erik: **Der Wolf.** Kosmos, Stuttgart 2003.